上海市工程建设规范

排水系统数学模型构建及应用标准

Standard for construction and application of urban drainage model

DG/TJ 08—2430—2023
J 17121—2023

主编单位：上海市水务规划设计研究院
（上海市海洋规划设计研究院）
上海市排水管理事务中心
批准部门：上海市住房和城乡建设管理委员会
施行日期：2024 年 2 月 1 日

U0323224

同济大学出版社

2023 上海

图书在版编目(CIP)数据

排水系统数学模型构建及应用标准/上海市水务规
划设计研究院(上海市海洋规划设计研究院),上海市排
水管理事务中心主编. —上海：同济大学出版社，
2023.12

ISBN 978-7-5765-0993-9

Ⅰ. ①排… Ⅱ. ①上…②上… Ⅲ. ①排水系统 数
学模型－系统建模 Ⅳ. ①TU992.03

中国国家版本馆 CIP 数据核字(2023)第 234322 号

排水系统数学模型构建及应用标准

上海市水务规划设计研究院
(上海市海洋规划设计研究院) 主编
上海市排水管理事务中心

责任编辑　朱　勇
责任校对　徐春莲
封面设计　陈益平

出版发行　同济大学出版社　www.tongjipress.com.cn
　　　　　(地址:上海市四平路 1239 号　邮编:200092　电话:021‐65985622)

经　　销　全国各地新华书店
印　　刷　浦江求真印务有限公司
开　　本　889mm×1194mm　1/32
印　　张　3.125
字　　数　84 000
版　　次　2023 年 12 月第 1 版
印　　次　2023 年 12 月第 1 次印刷
书　　号　ISBN 978-7-5765-0993-9
定　　价　40.00 元

上海市住房和城乡建设管理委员会文件

沪建标定〔2023〕346 号

上海市住房和城乡建设管理委员会关于批准
《排水系统数学模型构建及应用标准》为
上海市工程建设规范的通知

各有关单位：

由上海市水务规划设计研究院(上海市海洋规划设计研究院)和上海市排水管理事务中心主编的《排水系统数学模型构建及应用标准》，经我委审核，现批准为上海市工程建设规范，统一编号为 DG/TJ 08—2430—2023，自 2024 年 2 月 1 日起实施。

本标准由上海市住房和城乡建设管理委员会负责管理，上海市水务规划设计研究院(上海市海洋规划设计研究院)负责解释。

上海市住房和城乡建设管理委员会

2023 年 7 月 11 日

前　言

根据上海市住房和城乡建设管理委员会《关于印发〈2021年上海市工程建设规范、建筑标准设计编制计划〉的通知》(沪建标定〔2020〕771号)的要求,标准编制组在充分总结以往经验,结合新的发展形势和要求,参考国内外相关资料,并在广泛征求意见的基础上,编制了本标准。

相关现行国家标准要求在排水管道设计中应引入排水系统数学模型进行设计校核,上海市水务局发文要求完成本市城镇化地区排水系统数学模型的构建,并利用排水系统数学模型评估系统排水能力。由于排水系统数学模型专业性较强,涉及参数众多,需编制标准,指导本市排水系统数学模型的构建,提高排水系统数学模型应用质量和效率。

本标准共8章,主要内容包括:总则;术语;基本规定;数据收集与处理;模型构建与测试;模型率定与验证;模型评价与验收;模型应用与维护;附录A、附录B和附录C。

各单位及相关人员在执行本标准过程中,如有意见或建议,请反馈至上海市排水管理事务中心(地址:上海市厦门路180号;邮编:200001;E-mail:pscghk306@163.com)、上海市水务规划设计研究院(上海市海洋规划设计研究院)(地址:上海市虹梅路1535号1—3楼;邮编:200233;E-mail:swghyky@163.com)、上海市建筑建材业市场管理总站(地址:上海市小木桥路683号;邮编:200032;E-mail:shgcbz@163.com),以供今后修订时参考。

主 编 单 位:上海市水务规划设计研究院
　　　　　　　(上海市海洋规划设计研究院)
　　　　　　　上海市排水管理事务中心

参 编 单 位:上海市水旱灾害防御技术中心
上海市城市排水有限公司
上海市政工程设计研究总院(集团)有限公司
上海市城市建设设计研究总院(集团)有限公司
上海碧波水务设计研发中心
主要起草人:谭 琼 徐贵泉 庄敏捷 孙晓峰 肖 震
潘常伦 张爱平 王 磊 张芹薇 陈 奕
邹丽敏 邱绍伟 张彦晶 吕永鹏 纪莎莎
时珍宝 东 阳 李 莉 胡育晓 陈泽伟
彭海琴 沈庆然
主要审查人:李 田 刘新成 刘曙光 郑晓阳 胡 龙
郑 涛 喻 良

上海市建筑建材业市场管理总站

目　次

Contents

1 总 则

1.0.1 为规范本市排水系统数学模型的构建与应用,提高应用质量与水平,制定本标准。

1.0.2 本标准适用于本市城镇排水系统的规划、设计、运行、维护、调度、评估和管理,以及内涝防治与水环境治理等过程中涉及的排水系统数学模型的构建和应用。

1.0.3 本标准技术内容以排水系统数学模型的水文水力机理模型为主,不对水质模型进行规范。

1.0.4 排水系统数学模型的构建和应用,应符合本市城市总体规划、涉水规划、智慧水务和数字化转型等相关规划、建设与运维管理的要求。

1.0.5 排水系统数学模型的构建和应用,除应符合本标准外,尚应符合国家、行业和本市现行有关标准的规定。

2 术 语

2.0.1 排水系统数学模型 drainage model

利用数学手段模拟排水系统中水文、水力等过程的计算方法的统称。简称"排水模型"。

2.0.2 水文模型 hydrological model

为模拟水文现象而建立的数学模型。水文现象指降雨、入渗、径流、蒸发等水的变化和运动等现象。

2.0.3 水力模型 hydraulic model

模拟水的流速、深度和流量等水力要素和流动规律的数学模型。

2.0.4 机理模型 physically based model

亦称白箱模型,基于物理、化学、生物方法描述排水系统内部各物理量之间相互关系的数学模型,具有明确的物理或现实意义。

2.0.5 数理统计模型 statistical model

将排水系统看作一个"黑箱"系统,通过对系统输入、输出数据的测量和统计分析,按照一定的准则找出与数据拟合得最好的一类数学模型。

2.0.6 产流模型 rainfall-runoff model

计算降雨量扣除截留、填洼、蒸发和下渗等损失之后形成径流的数学模型,用来描述汇水区的降雨扣损(净雨)过程。

2.0.7 汇流模型 routing model

计算扣除损失后的雨水沿地表汇集到汇水区出口断面过程的数学模型。

2.0.8 实时模型 online model，real-time model

利用实时在线监测或预测的降雨、流量、水位、设施运行状态等动态信息为边界条件,即时进行模拟预报的计算机模型。

2.0.9 离线模型 offline model

利用历史资料或设计数据为计算边界条件,对排水系统预设方案进行非即时模拟的计算机模型。

2.0.10 汇水区 catchment

以地形地貌或排水管渠等分水线界定的雨水、地面径流、污水的集水或汇水区域。

2.0.11 子汇水区 subcatchment

在汇水区内划分的用于计算污水、雨水产生量的小型基础产流与汇流单元,其出水汇入某雨水口、检查井、管渠、河道等设施或另一子汇水区。

2.0.12 模型率定 model calibration

通过人工调优、数学寻优以及人机对话选优等途径确定最优模型参数的工作。

2.0.13 模型验证 model verification

通过对未参与模型率定的资料的拟合效果,对模型参数进行评估的过程。

2.0.14 实时控制 real time control (RTC)

基于排水管渠的水位、流速、流量等模拟状态和水雨情预报,依据决策目标,调整模型中的水泵、闸(堰)门等对象的运行参数,常用于排水设施的优化调度。

2.0.15 主干管 main trunk sewer

污水系统中汇入多个次干管的污水外排总管。

2.0.16 次干管 secondary trunk sewer

污水系统中连接一个或几个排水系统输送污水至主干管的管道。

2.0.17 主管 main conduit

沿道路纵向敷设,接纳道路两侧支管及输送上游来水的排水管渠。

2.0.18　支管　lateral conduit

　　排水系统市政收集管网中,除了主管以外的其他市政排水管渠的统称。

2.0.19　街坊管　community conduit

　　街坊、厂区、园区等内部非市政道路敷设的排水管渠的统称。

3 基本规定

3.1 分类分级

3.1.1 按建模对象的排水体制,排水模型分为污水、雨水、合流三大类型。合流制排水系统数学模型应同时包含污水和雨水要素,分流制排水系统应在对应的模型类型中根据污水系统和雨水系统的关联情况,正确处理水量来源和边界。

3.1.2 按建模对象概化的尺度,排水模型分为一级、二级、三级三个层级。一级模型以主干、次干管及其泵站等设施为主;二级模型以排水系统雨、污水收集市政管道及其泵站等设施为主;三级模型以重点关注的小范围内的对象为主,包含源头设施、街坊管、专用排水泵站等设施。

3.1.3 按建模对象设施所处建设阶段,排水模型分为现状、规划两类。应根据地区开发情况和排水设施建设状态,构建现状模型和(或)规划模型。

3.1.4 按模拟计算输入边界数据的实时性,排水模型分为离线、实时两种。实时模型应在经率定验证的离线模型的基础上构建。

3.1.5 应针对业务需求,在建模工作开展前,合理选择模型构建层级和类别。一个模型中可包含单一或多种类型/层级模型的组合。

3.2 模拟方式

3.2.1 应根据排水模式、排水管渠运行流态、出水口受水体水位顶托情况,正确选用重力流或压力流求解算法。

3.2.2 排水管渠、河道模拟应采用一维模型。地表积水模拟可在一维管渠模型基础上耦合二维地表漫流模型或耦合一维地表漫流模型。精度要求不高的快速评估阶段，可采取地表二维漫流模拟。

3.2.3 易涝区分析和整改、内涝风险评估类项目宜结合数字地面高程模型，构建一维管渠与二维地表漫流耦合模型。

3.3 建模范围

3.3.1 模型范围不应小于排水系统规划服务区域，应根据研究区域范围、应用需求及模型类型，确定建模范围的汇水区边界和管渠、泵站等排水设施，并符合下列要求：

　　1 应结合区域地形、用地分类、地面汇流路径、管网坡向、相邻系统连通性等情况，确定建模汇水区边界；经分析评估有必要的，建模汇水区边界范围应在目标排水系统范围基础上适当扩大。

　　2 应按本标准第 3.1 节规定的模型类型确定模拟对象，将汇水区边界以内的水量、下垫面、排水设施纳入模型范围。

　　3 二级模型宜保留与排水行业 GIS 数据库相同的管网设施密度与管径范围，在不对模拟结果产生明显影响时，可适当简化部分支管，但不应简化地势低洼易涝区的检查井和管渠。

3.3.2 模型的边界覆盖范围应根据建模目标和地区实际确定，并符合下列规定：

　　1 污水模型以及强排系统雨水模型，下游边界可根据排口情况按照末端设置水泵、拍门或其他可以反映实际水力状况的方式来处理。

　　2 受河道顶托的自排地区雨水模型，模拟对象必须包含河道边界，边界条件可根据情况选择历史实测记录、防洪除涝设计水位或河网模型计算水位。

3 管网河网约束作用明显的自排区、风暴潮洪多碰头条件下的城市内涝分析等情况，宜构建管网-河网一体化排水模型，充分反映河网与管网之间的动态耦合关系。

3.4 基本流程

3.4.1 排水系统数学模型构建和应用基本流程宜包括建模类型与范围确定、基础数据收集与处理、模型构建与测试、模型率定与验证、模型评价与验收、模型应用与维护(图 3.4.1)。

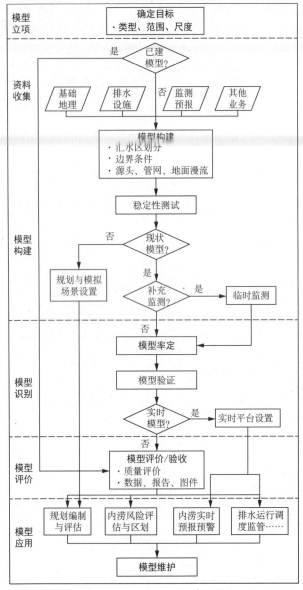

图 3.4.1 排水系统数学模型构建及应用基本流程

4 数据收集与处理

4.1 一般规定

4.1.1 应结合建模目标、类型和范围开展建模基础数据条件调查,包括但不限于:

    1 地理、气象、水文、地质、土地利用等基本情况。

    2 排水设施建设、规划与运维情况。

    3 排水地理信息系统构建与运维情况。

    4 排水设施监测与检测情况。

    5 排水系统数学模型构建情况。

4.1.2 应依据模型类型,通过资料收集、现场调查、监测和测量等手段,收集基础地理数据、设施数据、监测/预报数据和业务数据四类基础资料,并在模型报告中标注数据来源。

4.1.3 应对建模数据进行标准化处理,包括以下内容:

    1 不同来源数据中同一设施的空间或属性信息不一致时,应进行数据甄别。

    2 当不同来源数据的平面坐标和高程系统不一致时,应按上海市现行通用坐标系和高程系统进行坐标与高程的转换或校正。

    3 各设施对象应设置主关键字段,并在关联设施对象的属性列表中正确对应。

4.1.4 应对数据的完整性和准确性进行校核,包括:

    1 检查数据是否完整,并对缺失数据开展补充调查。

    2 检查数据是否超出上下限范围,并对异常值进行修正。

    3 检查排水管网及相关设施拓扑关系是否正确,空间位置是否准确,对问题进行核实处理并记录。

4 检查监测数据合理性、一致性,并对异常值进行修正。

4.2 地理数据

4.2.1 应利用基础地理数据进行模型对象的空间定位、土壤类型、土地利用、地形地貌分析和汇水范围划分,应收集下列内容:

1 影像图,分辨率不宜低于 2 m。

2 基础地形图,应包含行政区划、水系、道路、建筑等地形地貌空间信息,比例尺中心城区不宜低于 1∶500,其他地区不宜低于 1∶2 000。

3 数字高程模型,分辨率宜为 2 m~30 m。

4.2.2 构建规划模型时还应收集地区控制性详细规划,包括人口、用地、竖向地形、产业分布、市政设施、道路交通、河流水系、海绵城市等城市规划和水务规划空间数据集,用于规划雨污水量预测、规划排水设施布局与规模确定、规划工程效益评估。

4.3 设施数据

4.3.1 应收集排水设施设计竣工资料,宜优先利用排水设施地理信息系统,必要时开展现场探测,获取各类设施空间数据和属性数据。

4.3.2 应收集排水设施类型包括但不限于检查井、排水管渠/河道、泵站、排水口、源头设施、调蓄设施和截流设施等,物理参数至少应包含地面标高、管道尺寸、管材、埋深、水泵流量及特性曲线、调蓄池容积曲线等,建模所需排水设施数据见本标准附录 A。

4.4 监测和预报数据

4.4.1 应利用监测数据开展模型计算和率定验证,宜收集降雨、蒸发、流量、水(液)位、积水深、泵机状态、闸门状态等时间序列监测数据。

4.4.2 应结合项目目标及本市已建监测站点分布和数据累积情况,评估监测布局与数据采集情况,必要时应补充开展降雨、水位和流量等内容的临时监测,并符合下列规定:

    1 实测降雨、水位、流量等数据的测量时间间隔不宜大于 5 min。

    2 雨量计测量范围宜覆盖整个汇水区,考虑降雨的时空分布不均,雨量计分布密度不宜小于 1 个/(2 km² ~3 km²)。

    3 在开展补充监测前应制定实施方案,安装符合采集精度要求的监测仪器设备,确保采集数据的代表性、可靠性和可用性,一般时间间隔 5 min 以内为佳,并应符合国家现行有关标准的规定。

4.4.3 实时模型应同时具备实时监测和实时预报两类数据,应分别调查雨量、水位、泵闸状态等实时监测情况,以及预报降雨、水(潮)位、流量等实时预报情况,连接多源时空数据库。

4.4.4 应调查多源监测与预报数据格式以及时间、空间尺度,宜保留预报降雨数据的原始时空精度,并在计算前对多源数据进行接口转换和数据处理,满足实时模型计算时效和质量控制要求。

4.5 业务数据

4.5.1 应收集排水设施的生产运行方案、调度细则等业务数据,用于辅助制定模型中相关设施的调度规则。

4.5.2 应收集排水系统易涝区、历史积水记录、灾害突发事件等业务数据及同步降雨、水(潮)位、设施运行数据,用于系统诊断与重演验证。

4.5.3 应收集排水系统管道检测修复、养护清淤、雨污混接调查、外水分析等业务数据,作为模型水力计算参数设置参考因素。

4.5.4 应根据排水系统数学模型具体目标、类型与应用场景需要,补充收集以下相关业务数据:

　　1 人口数据。

　　2 供水数据。

　　3 排水户数据。

　　4 河网数据。

　　5 社会经济统计数据。

　　6 热线等舆情数据。

5 模型构建与测试

5.1 软件要求

5.1.1 建模软件的选择,应结合下列因素确定:

    1 应用目标、模型类型、排水管网规模、体量和对象类型等。

    2 软件性能,包括可模拟规模、流态、维度、河道耦合度、计算性能、软件界面友好性和完善度等。

    3 接口、配套软硬件及平台开发要求等。

    4 技术支持等。

5.1.2 建模软件应具备下列基本功能:

    1 模拟树状和环状排水管网、重力流和压力流不同流态。

    2 模拟常用排水管网断面形状、材料、粗糙系数、坡度。

    3 模拟排水管网超负荷状态和冒溢,包括回水效应、逆向流。

    4 模拟降雨产汇流及地表积水或内涝。

    5 模拟海绵城市等源头减排设施、排水泵站、调蓄池、闸(堰)门、孔等附属设施。

    6 与地理信息系统、电子表格等常用处理软件的数据接口。

    7 实时模型软件应具备即时模拟功能,以及与数据采集与监视控制(SCADA)、气象预报等系统的数据接口。

5.2 降雨与水(潮)位

5.2.1 采用历史实测降雨或设计降雨开展雨水径流模拟时,应考虑降雨空间变化,合理设置参与计算的雨量过程数量。采用历史降雨模拟时,采用的过程降雨分布及数量宜与研究排水区域内已建雨量站密度保持一致。

5.2.2 设计雨型应根据项目研究目标确定,可按本市地方标准选取短历时设计雨型或长历时设计雨型:

1 上海市短历时设计暴雨采用芝加哥设计雨型,降雨历时小于 180 min,雨峰位置系数 $r=0.405$,可结合本市短历时暴雨强度公式计算得到各重现期设计雨型,见本标准附录 B。

2 上海市长历时设计暴雨可选用治涝标准规定的典型降雨雨型,降雨历时 24 h,见本标准附录 C。

5.2.3 污水模型下游水位边界宜采用管道、泵站、污水厂等点位的水位监测数据,必要时可在模型中对污水厂提升泵站、调蓄池、溢流堰等厂内构筑物和排放口等设施进行概化模拟。

5.2.4 雨水排口边界应按照本标准第 3.3.2 条的规定处理,设计条件下本市相关标准推荐的同步实测潮型、各水利控制片常水位、控制水位见本标准附录 C。

5.3 水文水量

5.3.1 模型包含的各类水量来源应根据地区实际情况按表 5.3.1 的规定选取,水量模拟方式应符合下列规定:

1 生活污水量和工业废水量可根据基础数据条件,采用供水量折算、污水节点流量输入方式模拟,或基于子汇水区的人口、污水定额、排水户废水量与时间变化曲线相组合的方式进行模拟。

2 地下水渗入量可采用子汇水区、管道或节点入流方式,或专用入渗模块进行模拟。

3 降雨径流量应采用子汇水区产汇流计算方式模拟。

4 初雨截流量宜构建雨水模型模拟,一级模型可采用节点流量输入方式模拟。

5 转输边界外水量可采用边界外模型计算结果或使用节点流量输入方式模拟。

6 雨污混接量可采用同步构建雨污水模型，或采用子汇水区、管道或节点流量输入等方式模拟。

7 河（潮）水倒灌可基于排河口调查开展一体化模拟，或采用节点流量输入、河道水位边界引入等方式模拟。

8 临时排水量可采用节点流量输入等方式模拟。

表 5.3.1　排水系统数学模型水量来源

模型水量来源	生活污水	工业废水	地下水渗入	降雨径流	初雨截流	转输边界外水	雨污混接	河（潮）水倒灌	临时排水
污水模型	√	√	√	—	√	○	○	○	○
雨水模型	—	—	○	√	○	○	○	○	○
合流模型	√	√	√	√	√	○	—	○	○

注："√"表示应包含的水量，"○"表示经评估影响较大时应选择包含的水量，"—"表示可不包含的水量。

5.3.2 子汇水区的划分应符合下列规定：

1 应按照地形地貌、地表、用地和市政管网布局合理划分子汇水区，二级模型的子汇水区宜以街坊为单元进行划分，一般尺度为 2 ha～4 ha。

2 二级以上模型应采取分布式方法进行子汇水区降雨径流模拟，基于渗透性分类计算下垫面面积，城市地区宜区分铺装路面、屋面、透水性表面、水面以及其他地表。

3 现状模型应按实际地形地貌进行下垫面分类，规划模型应按控详规用地类型设置汇水区各类下垫面组成。

5.3.3 子汇水区污水相关参数的选取与确定，应符合下列规定：

1 现状模型有条件地区，宜开展供水量、污水处理量、设施运行量等数据关联分析，结合地区人口普查、供用水量监测、排水户调查、排水流量监测等数据，确定污水定额、时变化曲线、日（季节）变化曲线、废水量和地下水入渗水量。

2 规划模型应根据地区单元规划及相关排水规划设计标准,参考类似地区调查结果,确定上述参数。

5.3.4 子汇水区降雨径流相关参数的选取与确定,应符合下列规定:

1 应结合模型软件,针对不同下垫面类型选用合适的产汇流计算方法。产流模型应扣除蒸发、植被截留、洼蓄和土壤下渗等损失。汇流模型可采用水力学方法或水文学方法。

2 现状模型产汇流参数应通过模型率定验证确定。

3 规划模型产汇流参数应结合类似地区率定结果确定。

5.4 源头设施

5.4.1 源头设施可采用水文法或水力法模拟,采用水文模拟时,应避免汇水区径流的重复计算。

5.4.2 源头设施模拟方法及参数设置应反映设施使用的初始状态,以及调蓄空间和含水率的占用和恢复过程,相关参数宜结合本市海绵城市建设相关标准规范和现场试验确定。

5.5 管网设施

5.5.1 应采用可获得的最新资料模拟排水管网,并符合下列规定:

1 宜利用排水设施地理信息系统,构建模型拓扑关系,设定物理参数,并开展必要的现场复核。

2 宜绘制上游至下游管道剖面图,对倒坡、大管套小管等缺陷进行检查核实。

3 应根据管材、管龄分类设置管渠曼宁粗糙系数初始值,根据水力连接情况,合理设置局部水头损失,并结合模型率定调整。管渠淤积严重的,模拟时应考虑淤积深度对断面的影响。

4 应对概化部分进行容积补偿,确保合理反映管网调蓄容积。

5 缺失数据短期不具备复核条件的,在不对模型结果产生重大影响时,可依据工程经验进行合理性推断,并应逐条记录。

5.5.2 应采用可获得的最新资料模拟附属设施,并符合下列规定:

1 应结合现场调查,合理组合检查井、管道、闸门、孔口、水泵、格栅、拍门、虹吸管等对象,正确概化溢流口、泵站、污水处理厂、调蓄池等构筑物。

2 应结合设计竣工等档案资料进行设施的空间定位、物理参数设置和局部损失设置。

3 具有调蓄功能的设施应定义高程与面积,正确设置容积曲线、进出水方式和初始水位。

4 应结合生产运行调度方案、历史记录和规划功能,合理设置泵、闸、堰等设施的启、闭、开度等规则。

5.6 地表漫流

5.6.1 地表漫流模拟方法应按本标准第3.2.2条和第3.2.3条的规定选取。

5.6.2 应对数字地面高程模型进行合理性检查,对异常值进行合理修正。

5.6.3 地表漫流模拟使用的二维网格应按下列要求构建:

1 网格尺寸应根据模型类型、规模确定,重点关注区网格尺寸不宜超过 25 m^2。

2 可根据易涝区分布、管网密度等情况,在不同区域采用不同的网格尺寸。

3 宜考虑河道、铁路、路边线、围墙、建筑边界等重要地物阻水设施,分区制作网格。

4 网格区曼宁粗糙系数应结合地表覆盖情况确定。

5.7　计算测试

5.7.1　模型计算应设置合理的上下游边界、计算时间步长、结果输出步长、初始状态和可调控设施的控制方式。

5.7.2　模型的稳定性测试应选取一般与极端工况进行计算,确保模型运行正常,计算结果满足质量守恒原则。

5.8　实时模型

5.8.1　实时模型应至少包含经率定的排水模型、与实时监测/预报数据的输入接口以及与展示平台相连接的数据输出接口。

5.8.2　模型实时数据读取频率、计算频率、计算时长、输出参数的设置应兼顾性能与时效,实现模型的滚动计算。

5.8.3　宜在泵站上下游、调蓄设施上下游、主干管、次干管、易涝点、排河口等位置建设实时监测点位,监测雨量、水位、流量等关键参数,参与实时模型计算或验证预报结果。

5.8.4　实时模型预报点位应包含区域建设的实时监测点位,并与点位实时监测数据进行对照。

6 模型率定与验证

6.1 一般规定

6.1.1 模型率定和模型验证应采用各自独立的多组实测数据，并符合下列规定：

    1 应根据系统类型及运行实际，分别对旱天、雨天开展率定。

    2 用于率定验证的雨天数据宜包含3场以上有效降雨，宜包含不同降雨强度与历时特性。

    3 用于率定验证的旱天数据宜包含工作日、非工作日，考虑不同季节情况下的波动。

6.1.2 应基于模型用途选取率定验证点位，并符合下列规定：

    1 泵站数据采集与监视控制（SCADA）系统、积水监测、污水厂进出水等监测站点应纳入率定验证点位。

    2 有条件时，率定验证点位可按表6.1.2选取，密度宜不低于排水系统、次干管、主干管个数。可在现有监测点位基础上补充临时监测点位，并开展流量、水位、流速率定。

    3 宜根据积水路段记录、溢流频次等历史数据开展模型验证。

    4 在率定验证前应对监测数据进行合理性检查，剔除异常数据。

表 6.1.2 模型率定验证点位选取建议

类型	指标	点位	数据来源
污水模型	流量	污水厂进出水口	污水厂监测
		泵站	SCADA 系统/临时监测

类型	指标	点位	数据来源
污水模型	流量	区域间连通管	长期/临时监测
		主干管末端	长期/临时监测
		主干管的大流量汇入点	长期/临时监测
		调蓄设施上下游节点	长期/临时监测
		溢流排放口	长期/临时监测
	水位	泵站集水池	SCADA 系统
		泵站出水井	SCADA 系统
		积水监测点	积水监测系统
		调蓄设施上下游节点	长期/临时监测
		主干管重要井位	长期/临时监测
		规模排水户接入井	长期/临时监测
	流速	主干管重要井位	临时监测
雨水模型	流量	泵站	SCADA 系统/临时监测
		区域间规模以上连通管	长期/临时监测
		主干管、次干管	临时监测
		调蓄设施上下游节点	长期/临时监测
	水位	泵站集水池	SCADA 系统
		积水监测点	积水监测系统
		调蓄设施上下游节点	长期/临时监测
		重要路段部分检查井	长期/临时监测
	流速	主干管重要井位	临时监测

6.1.3 率定时应根据实测与模拟结果的差异,对模型参数进行调整以满足精度目标。宜对模型参数开展必要的灵敏度分析。可在参考相关标准和资料推荐值基础上,结合优化算法与人工校核开展率定。

6.2 精度目标

6.2.1 模型建设单位应按目标、需求、数据情况和管道功能，分区分级确定模型精度目标：

1 用于调度控制的点位精度要求应高于非控制点位。

2 主管、干管的精度要求应高于支管。

3 积水点、溢流点等重点关注区域的精度要求应高于一般区域。

6.2.2 模型精度评定的项目应包含峰值流量（水位）、峰现时间、流量总量和流量（水位）过程。模拟误差可采用以下三类指标：

1 绝对误差。模拟值减去实测值为绝对误差。

2 相对误差。绝对误差除以实测值为相对误差，以百分数表示。

3 纳什效率系数 NSEC。模拟过程与实测过程之间的吻合程度，按下式计算。

$$NSEC = 1 - \frac{\sum_{i=1}^{n}\left[y_s(i) - y_o(i)\right]^2}{\sum_{i=1}^{n}\left[y_o(i) - \overline{y}_o\right]^2} \tag{6.2.2}$$

式中：n——序列过程的数据个数；

　　　y_s——模拟值；

　　　y_o——实测值；

　　　$\overline{y}_o$——实测值的均值。

6.2.3 点位的精度目标应根据表 6.2.3 的规定确定，其中本标准第 6.2.1 条规定精度要求高的宜取 A 级，一般的宜取 B 级，当采用多场降雨或多日旱流事件时，应在单场（日）误差基础上计算多场（日）平均误差。

表 6.2.3 模型精度目标

精度等级	流量精度		水位精度	
A	峰值流量	10%	峰值水位	0.1 m
	峰现时间	0.5 h	峰现时间	0.5 h
	总量	10%	水位过程	NSEC 0.5
	流量过程	NSEC 0.5	—	—
B	峰值流量	20%	峰值水位	0.5 m
	峰现时间	1 h	峰现时间	1 h
	总量	20%	水位过程	NSEC 0.5
	流量过程	NSEC 0.5	—	—

7 模型评价与验收

7.1 质量评价

7.1.1 在应用模型之前,应针对模型整体或模型区域开展模型质量评价,判断所建模型与应用需求的匹配度。

7.1.2 模型质量要求应根据基础数据条件、模型用途和模型精度等因素综合确定。

7.1.3 区域范围较大、率定验证点位较多的模型,质量等级宜按表 7.1.3 的规定,根据模型整体或评价区域内点位率定验证合格率评定。合格率应根据达到目标精度要求的点位占所有率定点位的百分比确定。

表 7.1.3 模型质量评价等级判定

质量等级	甲	乙	丙
合格率 QR(%)	$QR \geqslant 85.0$	$85.0 > QR \geqslant 70.0$	$70.0 > QR \geqslant 60.0$

7.2 验收归档

7.2.1 建设单位可根据需要对模型建设项目开展模型专项质量审核与验收归档。

7.2.2 模型建设项目的专项验收应由建设单位组织,资料齐全且模型满足目标、功能、质量要求时出具验收报告。有第三方审核报告的,可依据审核结论进行验收。

7.2.3 模型建设项目专项验收时,应提交下列文件:

　1　建模报告。

2 模型源文件。

3 如开展临时监测,则需提交监测数据包及其质量分析报告。

4 图件及数据集。

5 运行测试报告。

7.2.4 模型项目验收合格后,建设单位应将设计、实施和验收的有关文件和技术资料立卷归档。

7.2.5 建模报告应包含模型构建及应用的技术内容,包括但不限于:

1 项目的简要描述,排水区域特性说明、建模目标。

2 使用数据及资料来源、可靠性分析及处理方法。

3 使用的模型软件、类型。

4 模型所做的假设、简化、概化以及在率定验证过程中进行的修改、调整说明。

5 模拟旱流污水和降雨径流所采用的方法、参数与边界条件的设置。

6 临时流量监测方案及监测数据应用情况。

7 模型率定验证过程及结果,包含:点位、精度目标;监测数据来源及质量;模型率定验证质量,未达到精度要求的点位原因分析。

8 模型方案的介绍,包含基本工况、模拟目的、输入与输出、方案参数、控制规则及其他相关信息。

9 模型典型应用与分析专题介绍。

7.2.6 归档模型数据应采用建模软件的标准格式提交,并辅以清晰说明。应确保模型完整可运行,内容包括但不限于排水网络、降雨、流量水位过程、地面模型、实测数据、率定验证和模拟方案的运行结果。

7.2.7 归档的图件及数据集应根据项目需求确定,包括但不限于建模区域背景图层、排水管网现状图、排水管网规划图、排水模型管网拓扑配置图和计算结果专题图等。

8 模型应用与维护

8.1 模型应用

8.1.1 宜采用模型进行排水系统规划方案比选与规划效益评价,并应符合下列要求:

    1 规划模型使用的用地分类、污水量、地下水入渗量、设计降雨等应与本市现行雨污水规划相一致。

    2 改建地区规划模型宜在现状经率定验证模型的基础上进行局部修改,新建地区规划模型应对推理法设计方案进行校核修正。

    3 规划模型水力计算结果应符合现行国家标准中相关规定,应核查的水力参数包括:管渠充满度、设计流速、压力流设计承压值、设计暴雨重现期下的积水深度和退水时长等。

    4 采用模型评价海绵城市建设效果时,应符合现行国家标准《海绵城市建设评价标准》GB/T 51345 的相关规定,宜采用典型年进行长期连续模拟,评估年径流总量控制率等指标。

8.1.2 宜采用模型进行城市内涝风险评估与区划,并应符合下列要求:

    1 宜采取一维、二维耦合模型进行排水系统内涝风险及整改措施评估。

    2 应根据排水系统服务范围、特点和项目需求,采用设计暴雨重现期和内涝防治重现期进行内涝模拟,必要时应增加其他重现期设计降雨、历史降雨、极端暴雨和气候变化影响因素进行内涝风险评估。

    3 在自然排水区域,进行内涝风险评估的出水口水位可采用周边河湖排涝设计高水位,也可根据需求采用周边河湖实际或同步模拟水位变化过程。

　　4　宜挑选反映管网流态、水位变化、积水范围、积水深度和积水历时等信息的指标进行内涝风险统计评估。

　　5　应绘制不同降雨条件下的积水淹没图,有条件地区应绘制积水风险区划图,并基于地理信息系统生成表达风险评估结果的电子地图。

8.1.3　宜采用实时模型用于内涝预报预警,并应符合下列规定:

　　1　应以经率定验证的模型为计算引擎,宜与雨量、水位、水泵等设施状态实况和预报水、雨、工情数据实现在线连接,并充分考虑降雨的时间空间分布,具有数据诊断和容错机制。

　　2　以模拟开始时刻作为预报起始点,起始点之前应使用实况数据参与模型运算;起始点之后的预见期,应使用降雨、水位预报数据参与模型运算,预见期宜根据情况选取 6 h~72 h。

　　3　实时模拟应采用滚动计算方式,计算间隔宜根据监测数据采集频率和预报时效需求设置,降雨期间不宜超过 30 min。

　　4　宜通过统计列表、曲线图、专题图等展示预报结果,并设置合理预警阈值。

　　5　应采取稳定可靠、具可扩展性的存储架构,实现模型运算结果的自动入库保存、应用及管理。

　　6　宜建立汛后模型效果评估、汛前模型更新维护机制,不断提高内涝预报模型精度与成效。

8.1.4　应利用模型为排水运行调度提供技术支撑,并应符合下列规定:

　　1　雨污水模型应根据平台具体应用场景,按本标准第 3.1 节分类分级构建。

　　2　应在率定验证模型基础上,对管网、泵站、调蓄池、污水厂等设施的运行情况进行评估,对运行方案进行优化,提高厂站网一体化联动调度能力,实现平稳运行、均化水量、节能降耗和放江污染削减等多重目标。

3 应在率定验证模型基础上,对地区内涝积水情况进行评估,确定积水范围、深度、历时等关键要素。

4 模型成果应与运行监管等平台相融,近期应具备模型情景展示和实时监测数据展示功能,远期宜具备实时模型计算与动态预警预报功能。

5 应建立模型定期更新维护机制,更新维护周期不宜超过12个月。

8.2 维护管理

8.2.1 模型应用单位应建立模型维护管理机制,宜建立模型库与 GIS 库间的数据规范更新机制。

8.2.2 已建排水系统数学模型经评估具备利用条件的,可用于新一轮建模。

8.2.3 新建、改建或变化地区的城市排水设施数据应及时更新到模型,并对易涝区的变化情况进行调查核实。

8.2.4 应保留模型更新历史版本,并及时备份。备份文件和模型源文件应分开存储,并建立必要的索引。

附录 A 排水设施建模基础资料

A.0.1 建模所用检查井及物理属性应符合表 A.0.1 的规定。

表 A.0.1 检查井

物理属性	描述	建模必要性
X 坐标	用于检查井定位	★★★★
Y 坐标	用于检查井定位	★★★★
面积	检查井平面积	★★★
地面高程	检查井井面高程	★★★★★
井深	检查井深度	★★★★

注:星号为数据重要性等级,下同。

★★★★★:建模必需,关键参数,对于模型结果影响很大。

★★★★:建模必需,对于模型结果影响一般,可通过经验或推荐参数等途经
获得。

★★★:建模必需,对于模型结果影响较小。

A.0.2 建模所用管渠及物理属性应符合表 A.0.2 的规定。

表 A.0.2 管渠

物理属性	描述	建模必要性
上游节点	用于确定管网拓扑关系	★★★
下游节点	用于确定管网拓扑关系	★★★
管渠形状	圆形、马蹄形、蛋形、矩形或自定义断面	★★★★
管道直径或沟渠宽度/高度	断面尺寸	★★★★★
上游底标高	或为管渠上游埋深	★★★★★
下游底标高	或为管渠下游埋深	★★★★★

物理属性	描述	建模必要性
粗糙系数	一般根据材质和埋设年代确定 曼宁系数	★★★★

A.0.3 建模所用堰及物理属性应符合表 A.0.3 的规定。

表 A.0.3　堰

物理属性	描述	建模必要性
上游节点	用于确定连接关系	★★★
下游节点	用于确定连接关系	★★★
堰类型	矩形堰、三角形堰、梯形堰或可调堰等	★★★★★
堰顶高程	用于计算过堰流量	★★★★★
堰顶宽度	用于计算过堰流量	★★★★★
流量系数	用于计算过堰流量	★★★

A.0.4 建模所用孔口/闸门及物理属性应符合表 A.0.4 的规定。

表 A.0.4　孔口/闸门

物理属性	描述	建模必要性
上游节点	用于确定连接关系	★★★
下游节点	用于确定连接关系	★★★
流量系数	用于计算过闸/孔流量	★★★★
闸/孔底高程	用于计算过闸/孔流量	★★★★★
闸宽	断面类型矩形	★★★★★
闸高	断面类型矩形	★★★★★
孔口直径	断面类型圆形	★★★★★

A.0.5 建模所用调蓄池及物理属性应符合表 A.0.5 的规定。

表 A.0.5 调蓄池

物理属性	描述	建模必要性
地面高程	用于确定地面标高	★★★★
水位/面积关系曲线	用于计算调蓄池水位及容积	★★★★★
进出水方式	设置管道、孔口、闸门、水泵等进出水方式	★★★★★

A.0.6 建模所用水泵及物理属性应符合表 A.0.6 的规定。

表 A.0.6 水泵

物理属性	描述	建模必要性
上游节点	用于确定连接关系	★★★
下游节点	用于确定连接关系	★★★
水泵类型	定速泵、变速泵等类型	★★★★★
水泵流量/扬程曲线	$Q-H$ 关系	★★★★★
水泵流量/功率曲线	用于计算电耗	★★★
启泵水位	水泵启动控制水位	★★★★
关泵水位	水泵停止控制水位	★★★★

附录 B 上海市短历时设计暴雨雨型 *

B.0.1 本市应采用的短历时暴雨强度公式为

$$q = \frac{1\,600(1+0.846\lg p)}{(t+7.0)^{0.656}} \tag{B.0.1}$$

式中：q——设计暴雨强度$[\text{L}/(\text{s}\cdot\text{hm}^2)]$；

p——设计暴雨重现期(年)；

t——设计降雨历时(min)。

B.0.2 短历时暴雨强度公式适用于重现期范围 2 年～100 年,降雨历时范围 5 min～180 min。不在此范围时,应进行适当修正或复核。

B.0.3 不同重现期下历时 1 h 降雨量见表 B.0.3。

表 B.0.3 1 h 降雨量查算表

重现期 (年)	$P=1$	$P=2$	$P=3$	$P=5$	$P=10$	$P=20$	$P=30$	$P=50$	$P=100$
降雨量 (mm)	36.5	45.7	51.2	58	67.3	76.6	82	88.8	98.1

B.0.4 设计短历时降雨应采用芝加哥设计雨型,在设计重现期 2 年～100 年、降雨历时小于 180 min 范围内,设计雨型采用统一的雨峰位置系数 $r=0.405$。

B.0.5 在降雨历时为 120 min 情况下,重现期 $P=3$ 年,设计雨型见表 B.0.5-1 和图 B.0.5-1；重现期 $P=5$ 年,设计雨型见表 B.0.5-2和图 B.0.5-2。

---

* 来源:上海市地方标准《暴雨强度公式与设计雨型标准》DB31/T 1043—2017。

表 B.0.5-1　降雨历时 120 min、重现期 P=3 年设计雨型表

t(min)	5	10	15	20	25	30	35	40	45	50	55	60
i(mm/ 5 min)	1.107	1.202	1.319	1.470	1.672	1.958	2.400	3.186	5.036	12.233	8.696	4.974
t(min)	65	70	75	80	85	90	95	100	105	110	115	120
i(mm/ 5 min)	3.573	2.834	2.375	2.060	1.829	1.653	1.513	1.398	1.303	1.223	1.153	1.093

注：t 为降雨历时，i 为设计降雨强度，下同。

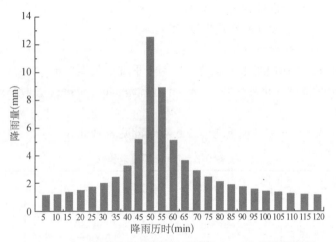

图 B.0.5-1　降雨历时 120 min、重现期 P=3 年设计雨型图

表 B.0.5-2　降雨历时 120 min、重现期 P=5 年设计雨型表

t(min)	5	10	15	20	25	30	35	40	45	50	55	60
i(mm/ 5 min)	1.255	1.362	1.496	1.667	1.896	2.220	2.721	3.612	5.709	13.869	9.859	5.639
t(min)	65	70	75	80	85	90	95	100	105	110	115	120
i(mm/ 5 min)	4.050	3.213	2.692	2.335	2.074	1.874	1.715	1.585	1.477	1.386	1.308	1.239

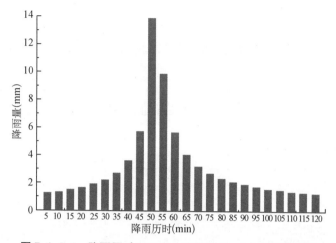

图 B. 0. 5-2　降雨历时 120 min、重现期 *P*＝5 年设计雨型图

附录C 上海市长历时设计暴雨雨型及水(潮)位*

C.0.1 不同重现期下的最大 24 h 面暴雨量见表 C.0.1。

表 C.0.1 各水利片不同重现期的最大 24 h 面暴雨量 （mm）

序号	水利片	重现期					
		100 年	50 年	30 年	20 年	10 年	5 年
1	浦东片(北)	281.8	248.8	223.2	204.8	171	136.6
	浦东片(南)	279.1	245.7	222.5	201.1	167.1	132.1
2	嘉宝北片	282.7	248.5	222.5	203.1	168.5	133.2
3	蕰南片	286.7	253.1	224.5	207.1	171.9	136.1
4	淀北片	282.6	249.3	223.2	204.8	170.7	135.9
5	淀南片	273.6	241.6	218.3	198.9	166.1	132.6
6	青松片	267.9	235.7	213.1	192.9	160.1	126.8
7	浦南东片	271.4	237.7	218.1	192.9	158.8	124.5
8	浦南西片	268.5	235.1	213.5	190.5	157.1	123.1
9	太北片	252.5	221.6	200.3	180.6	149.3	117.6
10	太南片	252.5	221.6	200.3	180.6	149.3	117.6
11	商榻片	252.5	221.6	200.3	180.6	149.3	117.6
12	崇明岛片	270.9	239.2	217.1	196.9	164.4	131.3
13	长兴岛片	273.6	241.6	219.3	198.9	166.1	132.6
14	横沙岛片	273.6	241.6	219.3	198.9	166.1	132.6
	上海市平均	275	240	220	200	165	130

C.0.2 本市典型长历时设计暴雨雨型及相应同步潮型应符合表 C.0.2 的规定。

---

* 来源:上海市地方标准《治涝标准》DB31/T 1121—2018。

表 C.0.2　上海市典型长历时设计暴雨雨型及相应同步潮型

时序	"639"暴雨(1963/9/12 8:00—9/13 8:00)		"麦莎"暴雨(2005/8/6 8:00—8/7 8:00)		"菲特"暴雨(2013/10/7 12:00—10/8 12:00)	
	设计雨型一/二(%)	吴淞站潮位(m)	设计雨型(%)	吴淞站潮位(m)	设计雨型(%)	吴淞站潮位(m)
第 1 小时	0.30/1.00	2.58	1.00	2.11	0.50	4.06
第 2 小时	0.40/2.00	2.40	0.80	2.00	0.60	4.65
第 3 小时	0.30/2.50	2.23	2.30	2.52	0.30	4.74
第 4 小时	1.10/1.50	2.18	2.30	3.33	0.50	4.23
第 5 小时	3.70/2.00	2.13	2.50	3.89	0.70	3.54
第 6 小时	3.40/3.30	2.08	3.80	4.15	2.00	2.92
第 7 小时	5.80/3.10	2.08	4.20	4.06	3.00	2.33
第 8 小时	4.40/4.60	2.38	4.50	3.76	5.90	1.91
第 9 小时	3.90/3.50	2.73	4.80	3.29	5.80	1.59
第 10 小时	3.90/3.90	3.25	4.10	2.89	7.10	1.26
第 11 小时	5.50/4.70	3.63	3.90	2.53	5.00	1.12
第 12 小时	7.60/6.60	3.80	4.20	2.19	2.00	2.31
第 13 小时	18.50/24.70	3.78	5.30	1.99	2.00	3.74
第 14 小时	8.60/8.20	3.73	5.40	1.86	2.80	4.35
第 15 小时	5.80/3.60	3.53	6.50	2.42	4.30	4.51
第 16 小时	4.70/2.50	3.38	8.20	3.83	4.00	4.15
第 17 小时	4.60/3.00	3.08	24.70	4.67	5.40	3.44
第 18 小时	3.80/3.10	2.63	3.80	5.05	6.50	2.82
第 19 小时	3.80/4.10	2.33	3.00	4.98	8.20	2.31
第 20 小时	2.80/3.50	2.18	2.30	4.49	24.70	1.87
第 21 小时	2.30/3.00	2.09	4.50	3.94	3.80	1.60
第 22 小时	2.40/2.50	2.18	0.90	3.49	3.00	1.32
第 23 小时	1.50/2.00	2.48	0.00	2.93	1.30	1.21
第 24 小时	0.90/1.10	2.76	0.00	2.43	0.60	2.23

C.0.3 本市各水利片河道设计水位应符合表 C.0.3 的规定。

表 C.0.3　上海各个水利片河道设计水位

序号	水利片	常水位(m)	设计预降水位(m)	设计面平均高水位(m)	备注
1	嘉宝北片	2.50~2.80	2.00	3.80	
2	蕰南片	2.50~2.80	2.00	4.44	
3	淀北片	2.50~2.80	2.00	3.80	
4	淀南片	2.50~2.80	2.00	3.60	
5	浦东片	2.50~2.80	2.00	3.75	
6	青松片	2.50~2.80	1.80	3.50	
7	太北片	2.50~2.80	2.50	3.30	
8	太南片	2.40~2.60	2.00	2.80	
9	浦南东片	2.50~2.80	2.00	3.75	原规划 3.90 m
10	浦南西片	2.50~2.80	—	—	不设大包围
11	商榻片	2.50~2.80	—	—	不设大包围
12	崇明岛片	2.50~2.80	2.10	3.75	
13	长兴岛片	2.20~2.30	1.70	2.70	
14	横沙岛片	2.20~2.30	1.70	2.70	

注：1　水利片相关圩区控制水位另行确定。
　　2　上述水位均不含主要片界河道水位。

本标准用词说明

1 为便于在执行本标准条文时区别对待,对要求严格程度不同的用词说明如下:

1)表示很严格,非这样做不可的用词:

正面词采用"必须";

反面词采用"严禁"。

2)表示严格,在正常情况下均应这样做的用词:

正面词采用"应";

反面词采用"不应"或"不得"。

3)表示允许稍有选择,在条件许可时首先应这样做的用词:

正面词采用"宜";

反面词采用"不宜"。

4)表示有选择,在一定条件下可以这样做的用词,采用"可"。

2 条文中指明应按其他有关标准、规范执行时的写法为"应符合……的规定"或"应按……执行"。

引用标准名录

1 《室外排水设计标准》GB 50014
2 《水文基本术语和符号标准》GB/T 50095
3 《防洪标准》GB 50201
4 《城市排水工程规划规范》GB 50318
5 《城市水系规划规范》GB 50513
6 《城镇雨水调蓄工程技术规范》GB 51174
7 《城镇排水防涝设施数据采集与维护技术规范》
  GB/T 51187
8 《城镇内涝防治技术规范》GB 51222
9 《海绵城市建设评价标准》GB/T 51345
10 《城乡排水工程项目规范》GB 55027
11 《城镇排水管渠与泵站运行、维护及安全技术规程》
  CJJ 68
12 《城镇排水水质水量在线监测系统技术要求》CJ/T 252
13 《暴雨强度公式与设计雨型标准》DB31/T 1043
14 《治涝标准》DB 31/T 1121
15 《城镇排水管道设计规程》DG/TJ 08—2222

上海市工程建设规范

排水系统数学模型构建及应用标准

DG/TJ 08—2430—2023
J 17121—2023

条 文 说 明

目　次

Contents

1 总 则

1.0.2 本条规定了本标准的适用范围。

根据国家标准、规范和相关文件的要求,以下情形需构建排水系统数学模型:

国家标准《室外排水设计标准》GB 50014—2021 第 4.1.7 条规定,"当汇水面积大于 2 km^2 时,应考虑区域降雨和地面渗透性能的时空分布不均匀性和管网汇流过程等因素,采用数学模型法确定雨水设计流量"。

国家标准《城市排水工程规划规范》GB 50318—2017 第 5.2.6 条规定,"雨水设计流量应采用数学模型法进行校核,并同步确定相应的径流量、不同设计重现期的淹没范围、水流深度及持续时间等。当汇水面积不超过 2 km^2 时,雨水设计流量可采用推理公式法"。

国家标准《城镇内涝防治技术规范》GB 51222—2017 第 3.3.1 条规定,"当汇水面积大于 2 km^2 时,应考虑区域降雨和地面渗透性能的时空分布不均匀性和管网汇流过程等因素,采用数学模型法确定雨水设计流量,并校核内涝防治设计重现期下地面的积水深度等要素"。

国家标准《城镇雨水调蓄工程技术规范》GB 51174—2017 第 4.1.3 条规定,"雨水调蓄工程的位置……有条件的地区宜采用数学模型进行方案优化"。

国家标准《海绵城市建设评价标准》GB/T 51345—2018 第 5.1.5 条规定,"排水分区年径流总量控制率评价应采用模型模拟法进行评价"。第 5.3.3 和第 5.4.3 条规定,内涝防治和污染控制"应采用摄像监测资料查阅、现场观测与模型模拟相结合的方法进行评价"。

《上海市排水与污水处理条例》(2020)第三十六条规定,"市、区水务部门应当推进城镇排水与污水处理信息化建设……建立和完善城镇排水与污水处理智能化运行调度平台……"。

上海市水务局《关于开展排水系统"厂、站、网"一体化运行监管平台建设的实施意见》的通知(沪水务〔2020〕192号)要求,"建成覆盖本市中心城区和郊区城镇化地区的排水模型 为排水运行调度方案制订等工作提供技术支撑"。

上海市水务局《上海市中心城区级雨水排水规划编制技术大纲》(沪水务〔2020〕683号)要求,"近期提标的已建排水系统需采用数学模型模拟,对现有雨水排水管网和泵站等设施进行评估,分析实际排水能力"。

根据上述新的政策文件,应在本市排水系统的规划方案比选、工程设计、规划效果评估、运行调度、风险管理等各环节推广排水模型的应用。

1.0.3 排水系统数学模型是指利用数学手段模拟排水系统中水文、水力、水质过程的计算方法。理论上数学模型含义比较宽泛,除机理模型之外,还包括数理统计类模型。现行国家标准《室外排水设计标准》GB 50014等相关技术标准提及的排水系统数学模型一般由降雨模型、产流模型、汇流模型、管网水动力模型等多个环节组成,以机理模型为主。数理统计类模型则将排水系统看作一个"黑箱"系统,通过对系统输入、输出数据的测量和统计分析,按照一定的准则找出与数据拟合得最好的数学模型。实践中,完全采用数理统计法建立的数学模型较为特定、使用范围有限,不在本标准规定的范围之内。

根据排水系统数学模型的模拟要素,可分为水文模型、水力模型和水质模型。水文模型主要模拟降雨径流;水力模型主要模拟排水系统管网和相关附属设施的水动力学特性,模拟指标包括水位(头)、水深、流速等;水质模型建立在水文、水力模型基础上,基于地面和管道沉积物累积冲刷、稀释扩散、反应等物理、化学、生物模型,模拟 SS、COD、BOD、TN、TP 等水质指标。排水系统水质模型对水力模型精度和污染物监测数据累积要求极高,目前多见于城市径流污染控制的科学研究,尚未形成充足的工程应用经验,本标准不对水质模型进行规范。

1.0.4 城市总体规划以及防洪除涝、雨水排水、污水处理、海绵城市等涉水规划奠定了本市排水设施的总体布局、规模和发展目标,必须结合本市平原感潮河网地区排水特点、排水系统“绿蓝灰管”多措并举的规划理念、超大城市防汛控污的智能化应用决策需要,在模型构建与应用过程中充分考虑本市水情、雨情、汛情、灾情、人口密度、污染程度、开发强度、空间利用以及模型成果集成平台的要求,通过科学合理的构建与应用,充分发挥模型的决策支撑作用。

1.0.5 有关现行国家标准包括:《城乡排水工程项目规范》GB 55027、《城市排水工程规划规范》GB 50318、《室外排水设计标准》GB 50014、《城镇内涝防治技术规范》GB 51222、《城镇雨水调蓄工程技术规范》GB 51174、《海绵城市建设评价标准》GB/T 51345、《城镇排水防涝设施数据采集与维护技术规范》GB/T 51187 等。有关现行上海市地方标准包括:《暴雨强度公式与设计雨型标准》DB31/T 1043、《治涝标准》DB31/T 1121、《城镇排水管道设计规程》DG/TJ 08—2222 等。

3 基本规定

3.1 分类分级

3.1.1 本市排水设施包括雨水、污水、合流三大类，模型也依据所模拟的对象相应分为三大类。随着雨污水系统的全过程管理，雨水系统和污水系统的关联性逐步加强，模型中必须考虑合流制雨污水、溢流、雨污混接等现实情况的影响。故在建立污水或雨水模型时，应根据建模目标，以对应类型的设施为主，必要时包含另一类型对象，并合理反映水量来源。例如，污水主干管模型必须包含截流设施以及截流雨水量。合流制系统水量来源包含污水和雨水，排放出路包括污水厂和河道，在构建合流模型时应同步包含污水和雨水模型要素，正确设置排放出路和边界条件。

3.1.2 划分模型层级的目的是确定模型对排水设施的概化程度，明确各层级模型包含的设施对象。

本市排水设施管理中将管道分为主干管、次干管、主管、支管和街坊管（图1）。如西干线、合流一期干线、白龙港干线为主干管，虹口杨浦两港截流管、江西中—福建北—天目西—普善截流管等为次干管。沿道路纵向敷设，接纳道路两侧支管及输送上游来水的排水管渠为主管。除了主管以外的其他市政排水管道为支管，如从道路两侧连接雨水口和接户井通向主管的排水管。非市政道路敷设的排水管道统称为街坊管。

国外部分模型规范对模型构建层级与管道概化程度进行了规定：英国《排水系统水力模型规程》（水与环境管理特许协会，2017）将模型分为三级：Ⅰ级为简化模型，细节较少，主要用于为

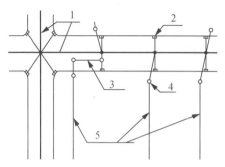

1—主管;2—雨水口;3—支管;4—接户井;5—街坊管

图1 本市主管、支管、街坊管示意图(以雨水管道为例)

更详细的模型提供转输流量边界;Ⅱ级为常用的规划类模型,典型应用为区域风险识别;Ⅲ级为精细模型,典型应用为区域详细的调查评估与设计。根据实际情况,模型可为三个层级的混合体,不同区域可有不同的层级要求。日本《流出解析模型利用和活用手册》(下水道新技术机构,2018)根据建模目标和可获取资料情况,将模型分为详细和简化两个层级:详细模型为高精度模型,用于分析局部积水状况;简化模型的详细程度较低,常用于以河流流域为单位、区域范围广、分析时间需要缩短的情形。新西兰《奥克兰市雨水模型规范》(2011)将雨水模型分为两级:第一级为快速模型,无须输入排水管网,用于快速估计积水风险;第二级为详细模型,基于排水管网进行更加细致的积水分析。

根据本市污水集中外排为主、分散为辅,平原河网强排、自排结合,水利分片治理的格局,结合国内外规范调研和本市已建模型经验,本标准将本市排水系统数学模型划分为三个层级。从一级到三级模型,聚焦的设施服务范围逐步缩小,模型对象的详细程度逐步增加。一级模型为大尺度,包含模拟对象数量相对较少,以主干与次干污水管、雨水主干管渠、相关泵站、污水厂为主,常用于市级、污水干线系统或战略规划阶段模拟分析;二级模型为中等尺度,一般包含所有市政管道、检查井和相关排水设施,常用于排水系统尺度的评估、精细化模拟与辅助决策;三级模型为小尺度,细化到街坊、厂区、园区、下立交、地道等内部排水管道和泵站,用于针对特定区域的详细评估与设计方案验证。

3.1.3 按模拟对象设施所处建设阶段,排水系统数学模型可分为现状模型和规划模型。现状模型对象为建模时建成区的已建排水设施。建模对象包含已建地区土地开发、排水管渠、泵站和附属构筑物等。规划模型主要用于建模时有待新建、改建或扩建的排水系统,其下垫面状况、管道、泵站和其他附属构筑物全部或部分处于规划、设计阶段。

3.1.4 根据计算边界条件的实时性,排水系统数学模型可分为离线模型和实时模型。离线模型以历史数据或人工设计数据为边界条件进行数值计算,通常用于模型率定、验证、分析和方案比选优化,模型采取手动运行方式,规划模型都属于离线模型。实时模型则一般建立在现状离线模型基础上,通过动态连接气象、水文等遥测数据和预报数据,利用最新边界条件模拟排水系统运行情况,通常用于实时防汛预警预报、溢流污染控制优化等,模型可采取自动定期运行、事件触发、人工驱动等方式。

3.1.5 应以应用需求为出发点,通过必要的调研分析,合理选择拟构建的排水模型层级与类别。模型的层级和类别相应决定了基础资料收集要求和建模工作量。表1列出了常用排水模型层级,包含模拟对象和应用场景。在模型构建工作中,应在目标、应用需求调研分析基础上,结合片区、行政区、排水系统及其服务范围分析,形成各级模型体系架构。

表1 排水模型分类分级要求

系统类型	模型层级	模拟对象	设施类型	计算类型	典型应用
污水	一级	至少应包含污水厂、污水主干管、污水次干管、污水主干管泵站、次干管泵站、调蓄设施等现状和（或）规划设施	现状模型	离线模型或实时模型	污水（含初雨）干线运行现状评估、厂站网联合调度方案制定、污水干线调度预案、污水干线厂站网实时辅助调度决策支持平台等
			规划模型	离线模型	市级（片区、区级）污水（含初雨）中长期规划方案、污水片区互联互通方案制定等
	二级	至少应包含排水户、污水主管、主管泵站、调蓄设施等现状和（或）规划设施	现状模型	离线模型或实时模型	排水系统污水（含初雨）运行现状评估、污水系统调度方案制定、污水辅助调度决策支持平台等
			规划模型	离线模型	污水（含初雨）系统专业规划方案制定
	三级	至少应包含排水户、街坊管、支管、主管、调蓄设施等现状和（或）规划设施	现状模型	离线模型或实时模型	小区、地块污水运行现状能力评估、网格化污水运行管理平台等
			规划模型	离线模型	小区、地块污水改造设计
雨水	一级	至少应包含城镇河道、主干管渠、主管泵站、主要调蓄设施、除涝泵站、闸门等现状和（或）规划设施	现状模型	离线模型或实时模型	市级（水利片、区级）雨水排水与内涝防治能力评估、市级动态洪水风险图、防汛防台辅助决策等
			规划模型	离线模型	市级（水利片、区级）雨水排水与内涝防治规划

续表1

系统类型	模型层级	模拟对象	设施类型	计算类型	典型应用
雨水	二级	至少应包含范围内雨水主管、主管泵站(强排系统)、调蓄设施等现状和(或)规划设施	现状模型	离线模型或实时模型	雨水排水能力评估、内涝风险区划、精细化动态洪水风险图等
			规划模型	离线模型	雨水排水专业规划方案制定
	三级	应包含街坊管、支管、主管、源头设施、专用泵站等现状和(或)规划设施	现状模型	离线模型或实时模型	地块、小区、下立交雨水排水和内涝风险评估,重点地区防汛防台辅助决策等
			规划模型	离线模型	地块、小区、下立交雨水排水改造设计
合流	同时包含污水和雨水类型的模型对象和功能				

一个模型中可包含单一类型或多种类型的组合,如城市更新改造地区,将在现状模型基础上叠加规划场景,组合形成现状-规划模型;为了分析局部地区污水排水不畅的问题,构建了排水系统尺度的二级污水模型,同时为了反映污水干线制约对支线泵站运行效率的影响,可组成收集管网(二级)叠加部分污水主干管(一级)的组合模型。

3.2 模拟方式

3.2.1 本市雨水排水系统包含重力自排和泵站强排两种排水模式,污水系统以重力排放为主,部分区段的污水次干管和主干管按压力流设计。因此,排水管渠运行时可出现重力流、压力流或中间流态,管渠出水口则可为自由出流或顶托状态。排水系统数学模型软件通常提供了基于圣维南方程组求解的明渠流方法(如运动波、动力波)和压力流方法(如 Preissmann 窄缝),必须根据管渠的流态选择正确的求解方法,具体选用应参考模型软件的使用说明。

3.2.2 模型维度是指对方程进行数值求解时求解对象的坐标维数。一维模型(1D Model)在一个维度上求解圣维南方程组,适用于具有相对明确流向的管道、明渠、河道的模拟;二维模型(2D Model)在二维平面上求解圣维南方程组。在排水系统数学模型中,二维模型常基于数字地面高程模型,求解不具有明确流向的浅水流方程,模拟积水在地表的漫流过程。

单一的一维水力模型能较好地模拟地下管网及设施,但对积水的处理方式通常过于简化,当地表径流总量超出系统排水能力后,其模拟精度较低。一维二维耦合模型采用一维水力模型模拟地下管网及其设施,当超出管渠排放能力时,水流从检查井溢流至地面,则采用二维模型在地面网格上求解流速、水深等,是精度较高的积水模拟方法。一维管渠和一维漫流耦合模型采用一维水力模型模拟地下管网及其设施,地表积水的模拟方式为将地表道路模拟为虚拟明渠,采用一维模型进行计算,这种方法的缺陷在于虚拟明渠的单一流向与实际流向存在差异。目前,也有一些软件可以直接在二维网格上进行产汇流和漫流计算,这种方法对计算机硬件资源要求较高,通常应用于快速模拟阶段或对管网资料要求不高的情况。

3.2.3 易涝区分析和整改、内涝风险评估类项目对积水模拟精度要求较高,宜采用二维模型求解。

3.3 建模范围

3.3.1

1 确定汇水区边界时,应在排水系统服务区域基础上,结合地形变化、用地分类以及道路、铁路、水系等大型阻隔设施对产汇流的影响,确保模型全面反映排水设施实际受纳的雨污水。此外,由于本市排水系统存在较多边界管道相互连通的情况,如建模时根据系统设计边界直接截断,难以全面反映相邻系统间的流量交换和外界水位的影响。因此,在建模前期应对周边排水管网进行连通性分析评估,如实际监测排水量与设计范围汇水量差异大于20%~30%,连通管管径大于1 m且标高较低等可能产生较大影响的情况,宜适当扩大目标排水系统研究范围,将相邻系统一并纳入建模对象。

2 应按表1列出的模型类型和模拟对象,将汇水区边界以内的水量、下垫面、排水设施纳入各类各级模型。

3 二级模型是排水系统尺度的常用模型,本标准对建模管道的概化要求主要结合了近年建模实践、本市排水行业 GIS 数据库建设现状及模型维护需求,与国外相关模型标准要求相近。

英国《排水系统水力模型规程》(水与环境管理特许协会,2017)要求:模型管网数据尽可能与 GIS 保持一致;不发生积水时,其上游汇水区边界点可以在模型中进行部分概化;具有积水风险的地区,模型必须包含所有管道(包括自建支管);除了非常庞大的模型或Ⅰ级模型或为了解决模型稳定性问题等必须简化的情况,一般不能修剪或合并 GIS 中原始管道。新西兰《奥克兰市雨水模型规范》(2011)模拟详细积水时,要求将汇水区边界内所有管径大于等于 300 mm 的市政管网都包含在模型中,节点间距不得大于 50 m。日本《流出解析模型利用和活用手册》(下水道新技术机构,2018)提出用于分析局部积水状况的高精度详细模型,必须包含所有管渠(包括分支管渠);概化模型可仅保留主要管渠和小排水区域末端的分支管渠,省略其上游的分支管渠。我国香港特区环保署《污水管网水力模型建立与校验指南》(2006)要求:用于详细评估、方案设计的污水模型必须包含范围内所有市政检查井和管径大于等于 150 mm 的管道;用于提供范围外输入边界过程和解决收敛问题等特殊情况可以进行概化。

3.3.2

1 排水系统数学模型下游边界一般包括污水处理厂、干管、河流、潮汐水位等。当排水口为水泵强排且河水不会通过排水口倒灌时，可采用在模型中设置水泵、拍门方式或其他可以反映实际水力状况的方式来模拟。

2 本市大量自排地区管道排口基本处于淹没状态，模型中必须采用合理的水位边界或同步进行河网耦合模拟。

3 一体化排水模型（Integrated Urban Drainage Model）是指考虑地表径流、地下管网和地表水循环的综合排水模型，可模拟排水管网、河网等相关因素的动态交互，是进行城市水务一体化风险管理的综合模型。一体化城市排水模型可在包含综合功能的同一软件平台上构建，也可通过开发模型接口，链接各有专长的不同管网、河网软件进行构建。

3.4 基本流程

3.4.1 排水系统数学模型的构建与应用一般应按以下步骤进行：

第一步：明确建模目标，确定建模类型、范围、精度。

在模型立项阶段，根据业务需求，结合模型用途和尺度，确定建模目标。模型用途包括规划方案论证、运行调度评估优化、排水能力评估、内涝预报预警、智慧决策平台建设等，尺度包括城市（分区）级别、排水系统级别和地块、小区级别为代表的大、中、小三级。明确用途和尺度基本可以确定模型的目标。

不同目标下，数据收集范围、建模类型与精度、率定与验证等要求也相应不同。同时，建模目标的实现也在相当大程度上受限于项目进度要求、预算、基础数据完备度等其他因素。因此，应综合考虑上述各项因素，最终明确可实现的建模目标。参照本标准第3.1节模型分类分级建议选择模型类型，确定建模的范围和尺度，选择能实现预期目标的建模软件。

建设单位可在立项阶段结合实际需求和实施条件,参照本标准第6.2节和第7.1节,提出精度目标与模型质量的合理预期。如存在符合建模目标要求的已建模型,则应对模型精度和质量进行评估,经评估符合应用需求后使用,否则参照新建模型流程进行更新。

第二步:基础数据收集与分析处理。

收集建模范围内基础地形、土地利用、下垫面等基础地理数据,检查井、管道、截流设施、调蓄设施、泵站、汇水区、河流水系、河道断面、排涝闸泵、其他附属设施等设施数据,雨量监测、泵站监测、积水记录、河道水位等监测/预报运行资料和其他已有模型、调度规则等业务数据。开展数据的检查核对和必要的数据处理,确保用于建模的资料准确可靠。

第三步:模型构建。

根据建模类型与层级,输入/导入排水管网、泵站、汇水区下垫面等数据,设置模型初始参数,检查模型确保可用于计算。

第四步:模型测试。

测试不同输入条件下模型的收敛性,确保所构建的模型数值稳定。

第五步:模型参数识别。

现状模型需要整理用于模型率定验证的旱天和雨天实测调查数据,通过率定验证合理识别模型参数。结合系统特性和已有监测站点分布情况,选择合适的率定点位;必要时,补充开展临时流量监测。通过调整参数率定模型,使模型准确反映排水系统旱天、雨天水力特征,达到目标精度要求。率定完成后,不改变模型参数,采用未参与模型率定的资料进行模型参数验证。此外,检查模型是否准确反映积水点、溢流特性和其他历史记录。

经率定验证后的模型可用于实时在线平台的配置和后续应用。

第六步:模型评价。

对模型进行质量性能评估,把握模型整体或区域的可靠性。

第七步:模型验收归档。

根据项目要求,形成模型成果、数据、技术报告,并验收归档。

第八步:模型应用与维护。

使用模型开展规划方案论证、风险评估、内涝预报预警、排水运行调度等应用,并定期开展模型的更新维护。

4 数据收集与处理

4.1 一般规定

4.1.1 数据是建模的必要前提,调研区域基础数据条件有利于进一步确定模型目标可达性,细化建模实施方案并对效果进行合理预期。

1 了解区域地理、气象、水文、地质、土地利用等基本情况是正确选择模拟方式、设置模型相关参数的必要前提。应注重地区降雨资料的收集整理,包括长历时和短历时暴雨强度公式和设计雨型、多年降雨时空分布特点、典型历史降雨等。

了解土地利用情况,分析地区下垫面的组成现状及规划,如硬化和透水下垫面的比例分布,掌握降雨、蒸发、截留、渗透等水文地质特点,是合理设置产汇流计算相关参数的重要前提。

2 了解排水设施建设、规划与运维情况有助于掌握项目区域的排水现状和后续发展,判断模型构建类型,掌握排水系统可能存在的问题和瓶颈。

3 现行国家标准《城镇排水防涝设施数据采集与维护技术规范》GB/T 51187 要求城市建立排水设施地理信息系统。上海市排水行业管理部门基本建成本市排水行业核心地理信息系统,已基本完成 2.3 万 km 以上排水管道、检查井、泵站等设施的入库管理,入库率 90% 以上,为模型构建工作创造了较好的数据条件。

4 排水设施监测数据包括数据采集与监视控制(SCADA)系统雨量、水位、泵站运行状态以及污水厂处理量等,可用于模型计算和率定验证,也是开展实时模型计算的必要条件。排水设施检测资料包括声呐、CCTV、图像、视频、文字等信息,可为模型粗糙系数、沉积物模拟设置等参数提供参考依据。

4.1.2 现状模型、规划模型、实时模型对数据的需求不尽相同。现状模型对四类基础资料的需求较全;规划模型对规划新建设施的竣工资料、运行监测数据不做要求,但规划改扩建的排水设施仍应参照现状模型进行资料收集;实时模型对数据要求最高,包括更高时效的监测数据、预报数据和实时连接数据库等要求。

通过备注等方式标注数据来源,在模型率定验证和分析阶段有助于判断数据的可信度,并为模型后续的复核使用提供有用信息。

4.1.3

1 地理信息系统(GIS)数据一般依据竣工图输入,其尺寸、标高应反映设施建设的最终情况,但随着设施运行可能出现沉降等变化,同一对象在原始设计图纸、GIS 库、CCTV 检测、物探报告中的属性信息可能不一致,这时应进行合理甄别使用。

2 上海通用地理空间平面坐标系原采用上海城建坐标系,目前正过渡为"上海 2000 坐标系"。上海通用高程采用上海吴淞高程。

3 通过 GIS 数据库导入检查井、管渠等对象时,设置主关键字段是确保生成正确拓扑关系的前提。例如,检查井对象的主关键字段应作为唯一标识符,且应作为排水管渠对象的上下游检查井编号;反之,排水管渠对象的上下游检查井编号应在检查井的主关键字列表中取值。

4.1.4

1 应保证建模使用数据的完整性和准确性,信息缺失时应提出解决措施,并通过现场调查与测量等方式来弥补,建模期间确实无法弥补的,应在模型技术文档或模型中对处理方式加以备注。

2 应对数据进行检验评估,对不实数据进行分析剔除,避免因实测数据偏差或仪器故障等原因误导分析结果。

3 GIS原始数据很难完全避免缺失和偏差,因此,管网拓扑关系和属性数据的检查修正通常花费较多时间。根据经验,从排水GIS信息系统导入管网时可能存在的问题包括连接性错误、部分标高管径缺失、流向相反等。

4 由于排水管网运行工况复杂、通信环境易受干扰、设备运行不稳定等多种不确定因素,导致在线监测数据可能出现缺失值、突变值、零值等问题,若直接使用可能影响决策的正确性。因此,可结合数字和图形形式,对各类监测数据开展质量评价,统计分析有效、缺失、可疑的数据,生成数据质量报告。

4.2 地理数据

4.2.1

2 根据现行国家标准《城镇排水防涝设施数据采集与维护技术规范》GB/T 51187的要求,应利用城市基础地理信息数据进行空间定位与地形分析,测图比例尺不应小于1:2 000,宜采用1:500。

3 数字高程模型(Digital Elevation Model),简称DEM,是地形表面形态的数字化表达,它是用一组有序数值阵列形式表示地面高程的地面模型,用于分析排水特征,识别地形低洼点,可为划分子汇水区,构建二维地面漫流模型提供基础数据。数字高程模型的分辨率(网格尺寸)可按模型层级尺度确定,层级越高、尺度越小,需要的地面高程数据精度越高。推荐三级模型分辨率宜不低于2 m,二级模型分辨率宜不低于5 m,一级模型分辨率宜不低于30 m。

4.2.2 建立规划模型时,需要对地区规划发展需求和建设影响因素进行分析,因此,应收集城市规划和水务规划涉及的人口、用地、竖向地形、产业分布、市政设施、道路交通、河流水系、海绵城市建设相关资料，规划土地利用图、道路红线、河道蓝线、规划用地统计表等数据集。污水规划主要结合人口、用地、产业分布和地区污水处理及初雨治理格局，开展规划污水量的空间分析和计算。雨水规划主要结合水系、用地、竖向地形、海绵城市建设和地区排水防涝治理格局，开展规划径流量的空间分析和计算。

4.3 设施数据

4.3.1 本条规定了建立排水系统数学模型使用的排水设施数据来源。排水模型软件一般与地理信息系统具有较好的兼容性，利用排水设施地理信息系统导入检查井、管渠等数据，可实现模型拓扑的快速构建和尺寸、标高等属性的高效赋值，并且有利于与GIS数据库形成可追溯的对应关系。本市排水行业核心数据库已入库竣工资料包含排水管道、污水厂、排水泵站、排水井、调蓄池等设施，在已入库地区应优先利用排水设施地理信息系统建模。存在缺失情况时，应查阅相关设计竣工资料，并进行必要的现场探测。

4.3.2 排水模型需要模拟的排水设施通常包括检查井、排水管渠、河道、泵站、排水口、源头设施、调蓄设施和截流设施等，根据模拟需要增加污水厂、雨水筒等设施。物理参数一般包括检查井坐标、检查井地面高程，管道尺寸、埋深、长度、管材、管龄，河道断面位置、断面属性、岸线属性，水泵类型与台数、开停泵水位、额定流量、水泵性能曲线，调蓄设施位置、标高、容积曲线、进出水规模与控制方式，闸门结构、尺寸、底标高等。

4.4 监测和预报数据

4.4.1 实测时间序列数据既是模型进行率定验证的数据来源，也是开展模拟计算的边界条件和分析依据。根据现行国家标准

《城镇排水防涝设施数据采集与维护技术规范》GB/T 51187 的要求,排水系统应对关键点位的液位、流量进行监测,宜进行在线监测。

4.4.2

1 建模前,需对研究区域已有监测情况开展调研。目前,本市建成"上海市排水运行调度监管平台""下立交及道路积水自动监测系统"等,对城镇污水处理厂进出水口水量水质、泵站、调蓄池、超越管运行、下立交及道路积水等进行实时监测。此外,各区也逐步开展了部分管道、河道的水位水量水质实时监测。由于城市排水设施的运行状况波动较大,监测频次和密度不宜太低。测量间隔要求主要依据现行国家标准《城镇排水防涝设施数据采集与维护技术规范》GB/T 51187 确定。

2 雨量计分布密度要求结合了国外相关测量标准(一般雨量计分布密度为至少 1 个/2 km²)及本市排水系统服务面积(多为 2 km²～3 km²)。

3 补充开展临时监测有助于更加全面地分析系统运行特征,开展模型率定验证。临时监测方案制定可参考国内外相关技术指南,重点关注监测布局、测量精度、数据质量。应对雨量计、流量计等仪器的设置、监测时间和密度、数据采集与评估进行详细研究。临时流量监测一般委托专业承包商,需获取至少 3 场以上有效降雨。

4.4.3 实时模型即时进行模拟预报,在使用实时在线的监测降雨、流量、水位、设施运行状态等数据的同时,通常还需要结合气象、潮位或其他模型的预报结果。目前,本市气象局提供精细化网格降雨预报产品,预报期可为 6 h～72 h,预报时间步长为 10 min～3 h,空间分辨率为 2 km～3 km。本市水文部门发布未来 24 h 潮位预报和站点水位预报。

4.4.4 实时模型应能适应多源化预报降雨数据的时间、空间尺度要求,提供多种方式输入接口,宜充分保留预报降雨数据的原始时空精度;适应预报水(潮)位、流量等数据的时间精度限制,自动进行格式的统一转换。

实时模型对时效和精度要求较高,监测数据的及时性、准确性和完备性极大程度影响实时模型计算结果,必须设立数据治理机制,对潜在的缺失、掉线、异常值等情况进行自动处理。

4.5 业务数据

4.5.1 泵站、调蓄池、污水厂等在不同运行模式下的水位启闭、流量控制、闸门开度等操作规则,是分析和优化调度方案的依据。应收集研究范围内相关设施运行管理单位制定的生产运行方案、调度细则、应急预案等,并结合 SCADA 记录、运行台账、调度指令以及与一线操作人员交流等方式,对实际运行调度方案进行深入了解,为历史场景重演和模型分析提供更加完整的信息。

4.5.2 应收集防汛管理部门以及运行管理单位统计的积水点、易涝区、灾情信息等统计图表。灾情时间、地点、积退水时间、积水深度、积水面积、积水原因等历史积水相关文件、照片与图纸。灾害突发事件如防汛抢险事件,发生时间、地点、防汛抢险内容等。

在未设置实时积水监测点的区域,水务热线、巡查记录、人工报送等灾害记录可以作为模型验证补充数据来源。

4.5.3 目前,本市各区已基本建立了排水管道检测、清淤养护等动态管理与考核机制,本市排水管道检测监管平台汇总了管道 CCTV、声呐人工检测等数据记录。这些资料可在管网拓扑关系核查、模型粗糙系数、沉积物深度等参数设置时提供一定参考。雨污混接调查、外水分析可为地区管网模型拓扑关系和水量分析提供参考依据。

4.5.4 人口数据可根据人口普查信息、年鉴等方式获取;供水数据可从供水企业获取,包括水厂、泵站、抄表数据以及智能水表监测数据；排水户数据可从相关管理部门获取，包括排水量、排水日变化曲线等数据；河网数据可从水利、堤防、泵闸等运行管理单位获取，包括河道断面、岸线、泵闸设计、竣工图纸、泵闸运行参数记录等资料；社会经济统计数据可查阅年鉴或从本市相关行政部门获取，包括人口密度、地区 GDP 等，可为洪涝灾害与应对提供分析统计基础数据；热线等舆情数据（水务市民热线、河湖长平台、微博等）可用于全面了解排水冒溢、积水等市民投诉问题和相关诉求信息，更全面地掌握研究范围内排水设施的服务情况和潜在问题。

5 模型构建与测试

5.1 软件要求

5.1.1 计算机模型从 20 世纪 70 年代起成为排水系统规划与设计的组成部分。水文模型包括美国陆军工程师兵团水文工程中心(HEC)开发的 STORM、HEC-1 和 HEC-2 系列模型,美国土壤保持局开发的 TR-20 和 WSP2 模型。

综合模型兼具水文、水力、水质模拟功能,是排水系统数学模型的主要手段。当前,国际上主流排水模型综合软件有 EPA SWMM、Infoworks ICM 系列软件、DHI Mike 系列软件、PCSWMM 等。美国环保局(EPA)开发的暴雨雨水管理模型 SWMM(Storm Water Management Model),是最早提出的、影响较大并广泛用于城市排水系统水量水质模拟的综合模型之一。它是免费开源软件,连续保持维护和更新,从 DOS 版本发展为窗口界面。SWMM 模型软件包括 RUNOFF、TRANSPORT、EXTRAN、STORAGE/TREATMENT 等多个模块。各模块既可独立进行模拟,也可合并起来模拟大型复杂排水系统。它是一个通用性很好的模型,适用于城镇化地区和非城镇化地区的模拟;能对单个降雨事件模拟,也能进行连续降雨模拟;能模拟城市降雨径流和污染物迁移过程;能模拟低影响开发设施。国内排水系统数学模型软件研发正在起步阶段,目前多以在 SWMM 基础上进行二次开发为主。

应根据建模目标,拟构建的模型管网体量规模、污水雨水类型、模型层级、可能包含的附属构筑物,是否包含河道等情况,综合数据预处理、建模数据输入、方案制订及优化、结果统计及展示、拟构建的智慧平台开发等因素,选择合适的建模软件和模块。

5.1.2 本条提出了建模软件应具备的基本功能,即能够模拟上海市排水设施常见构造、运行流态,并适应本市信息化系统开发的要求。

5.2 降雨与水(潮)位

5.2.1 本条规定了模拟计算时采用的雨量过程个数的空间密度要求。雨量过程指暴雨强度随时间变化的过程,即雨型。在排水系统数学模型中,一般每个汇水区和子汇水区可设置使用不同的雨量过程进行产汇流计算。考虑城市化地区降雨时间空间分布不均和本市每个排水泵站基本具备降雨监测记录的现状,规定汇水区模拟采用的实测历史降雨过程曲线个数不宜少于该汇水区内已建雨量站点个数。采用设计降雨进行计算时,可根据设计工况和模型尺度,选择采用一个或多个片区代表性雨量过程线。

5.2.2 设计雨型是反映降雨强度随时间变化的典型降雨过程。常用的降雨量时程分布(即雨型)有:均匀雨型、Keifer & Chu 雨型(芝加哥雨型)、SCS 雨型、Huff 雨型、Pilgrim & Cordery 雨型、Yen 和 Chow 雨型(三角形雨型)、同频率设计法雨型等。相关研究结果表明,短历时降雨中,我国雨强大致均匀的降雨所占比例较小,双峰或多峰的雨型也比较少,单峰降雨中雨峰在后部的也较少,芝加哥雨型是根据强度-历时-频率关系得出的一种不均匀雨型,目前被国内外广泛采用。

    1 上海市地方标准《暴雨强度公式与设计雨型标准》DB31/T 1043—2017 规定了本市短历时暴雨强度公式(重现期范围 2 年~100 年,降雨历时范围 5 min~180 min)以及设计短历时降雨雨型,详见附录 B。

    2 上海市地方标准《治涝标准》DB31/T 1121—2018 规定了本市 3 h~24 h 暴雨强度公式,采用典型年同倍比放大或同频率统计计算综合确定 24 h 面暴雨量的逐时变化过程,三种典型 24 h 降雨雨型及同步潮型见本标准附录 C,可根据研究实际选取。

5.2.3 本条规定了污水模型的下游水位边界设置要求。泵站集水池、污水厂进厂液位一般具有长期监测数据,可作为模拟水位边界。如缺少监测数据,但下游运行情况影响较大时,可采用模拟水泵等实际构筑物的方式尽可能反映系统实际运行情况。

模拟污水厂提升泵站、调蓄池、溢流堰等厂内构筑物和排放口等设施有助于实现污水管网与污水处理厂联合调度,实现均衡流量、减少溢流的功能。

5.2.4 本市基于流域水利或水资源分区,适应水安全保障、水资源配置、水环境改善、水生态保护规划建设与管理工作的需要,综合考虑区域地形地貌、河湖水系、行政区划、承泄区分布等因素确定了 14 个水利分片治理区域。

水利片排涝设计面平均高水位是指治涝标准条件下涝区不产生涝灾的所有河、湖水系面平均最高水位。排涝设计预降水位是指排水(涝)初期,涝区内排涝河、湖水位预降至低于常水位且不低于排涝设计低水位的某一水位。常水位指水利片内河道、湖泊满足生产、生活、生态用水需求保持的常态变化水位。

当河湖水位影响排水设施出流时,应根据设计工况合理设置河湖出水口的水位边界。水位边界最好采用同步实测潮水位、河网模型同步计算水位。在对设计暴雨进行简化评估时,一般以河道设计高水位作为最不利条件进行复核。

5.3 水文水量

5.3.1 模型应引入影响排水系统运行的所有水量来源,包括但不限于生活污水、工业废水、地下水渗入、降雨径流、初期雨水截流、分流制系统雨污混接、研究范围与相邻系统间可能存在的水力联系(包括可能存在的河水倒灌、"借道转输"的雨污水等)。建模时,应根据地区情况,结合模型类型和水量影响比重,正确处理和适当概化水量。

5.3.2

1 汇水区的划分对模型水量模拟影响较大,应尽可能地符合实际汇水情况。地形变化较大地区应优先依据地形数据,采用水文工具进行汇水区自动计算,同时辅以市政管网布局合理划分子汇水区。对于地形变化不大的地区,应在河流、道路等主要地貌基础上,依据市政管网布局及水系分布进行合理划分。本市强排系统宜主要依据市政管网服务范围合理确定,自排区域宜依据水系、管网布局合理划分。

2 根据模拟降雨径流时采用的空间划分程度,可将模型分为集总式和分布式两种。将汇水区划分为多个区域,并根据下垫面特征在不同区域应用不同参数的模型称为分布式模型。与之相反,在整个区域中不考虑空间分布的模型称为集总式模型。集总式模型常用于模拟对象尺度较大或概化程度较高的情形。对于二级以上精细化模型,应采用分布式方法进行模拟。将每一个子汇水区根据表面类型划分为透水性表面、铺装道路、屋面、水面等,分别采用各自的模型元素和参数对不同类型的表面进行径流计算。当前,主流排水模型软件基本具备分布式模拟功能。

3 现状模型可基于地形图、卫片等资料提取各类下垫面组成,规划模型可按控详规用地类型设置不同用地的下垫面组成,开展产汇流计算。

5.3.3 合流模型和污水模型需要设置污水量相关参数,需尽可能还原管网系统中的旱季流量。

1 居民生活污水量一般基于模拟汇水区的人口以及污水定额确定。如果有流量测量数据,应根据流量测量的结果确定污水排放量。工业废水等排水户的流量通常由相关排放流量记录获取。对于较小的入流量,可以不单独列出,将水量概化至生活污水中进行处理。对于大型工业排放量,如最大日均排放量超过当地生活污水量的 10％ 以上的,应单独列出,作为单独的入流过程输入模型。入渗水量只有通过流量测量和深入分析才能得到确切数值,可采用夜间最小流量法、用水量折算法等来确定。入渗水量可以用单位入渗量如 $m^3/(s \cdot hm^2)$ 来表示,再通过贡献面积推算出汇水区的入渗总水量。

　　污水变化曲线通常需要基于长期水量监测数据进行分析,当难以获取监测数据形成变化曲线时,可以参考供排水行业管理部门的指导值。

5.3.4　汇水区建模主要涉及两个计算模块,即产流模型和汇流模型。不同产流模型或汇流模型的选取,涉及的公式和参数不尽相同。表 2 和表 3 列出了常见计算方法和相关参数。通常,先参考软件使用指南选择产汇流模型参数初始值,再通过率定验证确定参数最终取值。

表 2　常用产流模型

模型	简介	使用场合	主要参数
固定比例径流模型	定义实际进入系统的雨量比例	不透水表面以及简化估计径流系数的汇水区。一般不用于透水比例高的汇水区	固定径流系数
Green-Ampt 模型	透水及半透水表面的渗透模型	农村及透水性表面。在美国与 SWMM 汇流模型联合使用	饱和导水率(mm/h);吸水头(mm);孔隙率;萎缩点
Horton 模型	透水及半透水表面的渗透模型	农村及透水表面。在美国与 SWMM 汇流模型联合使用	稳定渗透率(mm/h)初始渗透率(mm/h)衰减常数(h^{-1})
美国 SCS 模型	农村汇水区模型	农村及其他汇水区的透水表面	径流曲线号(CN)值

表 3   常用汇流模型

模型	简介	使用场合	主要参数
运动波(非线性水库方法)	水力学方法,SWMM模型等常用	大部分坡面流	汇水区宽度 地面曼宁粗糙系数 填洼量 地面坡度
时间-面积方法(等流时线法)	水文学方法,TRRL、ILLUDAS、MIKE模型常用	大部分坡面流	集流时间 不透水率 初损量
单位线法Wallingford模型	水文学方法,2级线性水库模型	英国排水系统,其子汇水区面积基本小于 1 hm^2	汇水区特征(坡度、面积、不透水性)和降雨强度的衰减方程

5.4   源头设施

5.4.1   透水铺装、绿色屋顶、小型调蓄、雨水桶、渗坑可在原汇水区修改水文模型设置。大型调蓄设施应作为单独设施进行水力模拟。

在子汇水区中添加源头海绵设施时,应对源头海绵设施所在的下垫面面积进行调整,扣除相应的设施面积,避免径流量的重复计算。例如,为某子汇水区添加了 100 m^2 的绿色屋顶,则应将此 100 m^2 的绿色屋顶从建筑屋面的产流表面中扣除。

5.4.2   降雨时,源头设施的填料层及结构层会滞蓄降雨径流,含水率会逐渐增大直至饱和。旱天时,设施各层含水率通过蒸发、下渗逐渐下降。因此,尤其是在进行多年连续模拟时,应注意合理设置模型中的下渗、蒸发等参数,使不同设施的持水功能在旱天得到有效恢复,科学体现海绵设施的长期水量控制效果。

5.5 管网设施

5.5.1 本条规定了排水模型构建的管网拓扑、基本参数和检查要求。

1 排水管网数据包括排水管渠、排水泵站及附属设施的基础信息,数据信息的格式和要求应按现行国家标准《城镇排水防涝设施数据采集与维护技术规范》GB/T 51187 的有关规定执行。建模时,可采用排水设施管理单位的基础数据库、测绘数据以及竣工资料数据、运行记录和手册。缺失或可疑的数据需经现场踏勘补测获取。管网数据最好为 GIS 电子数据,或至少含有管网信息的 CAD、图纸数据。

2 建议通过绘制管渠剖面图(图 2),较直观地展示管渠上下游管径、标高、埋深等连接和高程关系,进行管网拓扑和属性的检查核实。

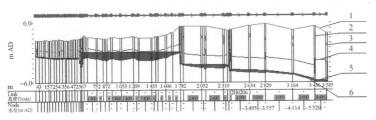

1—地面高程;2—检查井;3—其他汇入管;4—管顶;5—水位;6—管底

图 2 管渠剖面图示例

4 排水模型的构建是对实际管网进行不同尺度的概化简化。如果未对概化简化了的检查井、管道、雨水口等设施进行容积补偿,则排水系统的有效调蓄容积没有全部反映到模型中,可能导致模拟失真,过度估算洪水量。因此,建议对这部分容积进行补偿。可结合模型软件功能,通过调整相关汇流参数或虚拟体积进行补偿。

5 由于本市排水设施建设情况较早且设施数量庞大,地下管线复杂,如在短期内无法及时复核缺失数据,可进行敏感性分析,在对模型结果不产生重大影响时,依据工程经验对缺失管径、标高等属性进行合理性推断,但应逐条记录,并在获得复核数据后进行修正。

5.5.2 本条规定了排水系统附属设施的模拟方式、基本参数等要求。

2 应明确附属构筑物的类型、结构、位置,并对附属构筑物的几何尺寸、运行水位、流量曲线或流量系数、启闭方式等重要参数进行设置。

4 由于实际工况的变化,常见附属构筑物(表 4)(如泵、闸、堰等)的实际运行调度与设计运行调度规则常存在一定差异。例如本市泵站常采用高水位运行模式,与设计水位差异较大。因此,应对排水泵站进行实地调研,并根据模拟目的选择实际合理的运行模式。复杂的构筑物,可采用 CFD(computational fluid dynamics)等模型工具对局部流态进行更加细致的模拟。

表 4 常见附属构筑物

常见附属构筑物	重要参数
水泵	水泵类型(定速或变速等)、实际运转的水泵台数、排水能力(额定流量)、流量-扬程特性曲线、启闭水位等
堰、闸门、孔口等	堰高、堰宽、闸高、闸宽、底高程、闸门开口尺寸、孔口直径等
调蓄池	调蓄容积、形状大小、高程、水位-面积关系曲线等

5.6 地表漫流

5.6.1 建模时应充分了解一维二维耦合模拟、一维一维耦合模拟、纯二维模拟三种方法的效果和限制,合理选择建模方法。

5.6.2 由于地表积水模拟结果对数字地面高程模型非常敏感,

在地表漫流模拟时,必须对高程进行合理性检查。对于明显低于或者高于建模区域平均高程的异常点,需逐一检查后修正或剔除,避免因高程异常造成模拟结果失真。

5.6.3

1 网格是采用二维模型计算的最小单元,通常采用多边形(如四边形、三角形)表示。网格越密,计算机模拟所需资源和时间越大,计算结果越精细。因此,网格划分时应综合考虑研究范围、模型规模和类型,结合时效要求,对不同区域可采用不同的网格密度。

2 有过积水记录或者地面高程偏低的区域,可作为重点关注区提高网格密度,细化二维模拟的结果;对于一般模拟区域,可采用低密度网格。

3 考虑相关地物阻水设施的目的是合理组织漫流过程。网格化时,对建筑物、围墙以及防汛墙等地物信息进行处理,可以更加精确地反映地表漫流过程。精细化模拟时,尤其应当注意以道路边线、河道边线、建筑边线等地物为依据,分区划分网格,避免生成网格跨越不同分区造成模拟结果不合理。

4 应结合调查资料设置建模区域的地面糙率系数。缺乏相关资料时,可参考相关文献或类似区域的数据取值。

5.7 计算测试

5.7.1 本条规定了模型计算参数的设置要求,包括上下游边界、计算步长、初始状态、泵闸等可调控设施的控制方式。

上下游边界按本标准第 5.2 节～5.4 节相关要求进行设置。计算步长一般不超过 60 s,结果输出步长根据需求用途确定。计算时,应注意模拟的初始状态要与实际或规划(管理)的初始工况相吻合,尤其应注意调蓄池等设施的初始水位。可调控设施主要包括水泵、闸门、堰等,可采用水位启闭规则控制方式,也可根据需求采用 RTC 编程灵活控制。

5.7.2 根据模型类型,可选择旱天或多场不同规模的降雨事件开展模型的稳定性测试。如旱流日、低强度多峰值的降雨、5 年一遇历时 2 h 的设计降雨、100 年一遇历时 2 h 或 24 h 的设计降雨。

为确保模型持续稳定,应仔细检查整个模型、排水口、主次干管、附属设施等重要位置的水深和流量过程线,包括以下信息:

1 模拟运行是否完整、是否收敛。

2 检查井的水量平衡情况:确保进出流量质量守恒偏差在 10% 以内。

3 检查井的冒溢情况:对于旱天重力流模拟,一般情况下应无冒溢。

4 溢流情况:对于旱天模拟,一般情况下应无溢流。

5 泵站运行情况:集水池水位和泵机开停是否符合设置规则,运行是否正常。

6 管道超负荷情况:判断管道来水、流动是否合理。

5.8 实时模型

5.8.1 本条规定了组成实时模型的最低要求。实时模型应以数学模型为内核,与遥测雨量、水位、水泵水闸等设施状态监测数据,以及降雨、潮水位等预报数据实现在线连接,基于实时计算发挥预报预警决策支持功能。

实时模型关注时效性,因此要处理好模型精细度与计算效率的矛盾。在不影响重点关注区模拟精度的情况下,可对非重点地区的模型进行适当简化。

5.8.2 本条规定了实时模型滚动计算的设置要求。实时模型应可随时调用最新的数据进行模拟演算。应考虑数据传输效率、数据量对模型运算时效性的影响,通过数据定时更新等机制,满足模型实时、定时、滚动模拟的需求。一般实时数据读取频率不高于遥测数据库采集频率。计算频率可根据运行模式合理设置,雨天计算频率宜高于旱天,宜不长于 30 min。计算时长一般与预报降雨保持一致,可取 6 h~72 h。输出参数一般包含检查井水位、管渠流量、泵站启闭状态、二维网格水深等。

5.8.3 通常在泵站上下游、调蓄设施上下游、主干管、易涝点、排河口等关键区域开展实时监测。一方面,雨量、水位、流量等实时监测数据是开展模型模拟的动态计算条件;另一方面,实时监测数据可用于对照模拟结果,评估模型的预报精度。

5.8.4 预报点位是指输出模拟结果到展示平台的模型对象,一般是厂站网优化调度的关键点位或易涝预警点位。实时模拟结果与实时监测数据对照有利于掌握模型的预报精度。同时,实时模拟结果与实时监测数据的差异也能反映系统运行潜在的问题,如系统存在潜在的外来水量或者淤积堵塞,会造成实时模拟水位与实时监测水位的差异。

6 模型率定与验证

6.1 一般规定

6.1.1 本条规定了用于率定验证的实测数据要求。

1 通常污水模型主要对旱天开展率定,但如模型需应用于雨天,则需要在旱天基础上对雨天进行率定,以合理反映雨天入流入渗、初雨截流等因素的影响。雨水模型通常主要对雨天开展率定,但用于溢流放江等污染控制时,旱天管道水位流量等因素对模型结果影响较大,宜在雨天率定前开展旱天率定工作。验证时应选择与率定不同的一组数据,确保模型率定参数具有较高的可靠性和泛化能力。

2 有效降雨一般指中雨以上等级的降雨。根据上海地区降雨量等级划分标准,中雨降雨量标准值按 1 h 降雨量为 2.6 mm～8.0 mm,按 12 h 降雨量为 5 mm～14.9 mm,24 h 降雨量为 10.1 mm～25 mm。同时采用高强度短历时降雨和低强度长历时降雨进行率定验证,可提高模型的整体性能。

3 由于不同的气象、用水情况之下排水系统具有不同表现,为了使模型参数能较为全面地适应各种情况,宜分析监测数据不同季节的变化,采用多日数据消除随机波动的影响。

6.1.2 本条规定了模型率定验证点位的选择要求,并提出了污水模型、雨水模型的点位选择建议。

1 本市在泵站、污水厂、调蓄设施、易积水点安装的固定监测点应作为模型率定验证的基础点位。

2 由于固定监测点位不能完全覆盖建模需求,在项目条件允许时,宜开展临时流量监测,补充用于模型率定验证与计算的数据。国内外相关实践经验表明,临时流量监测数据质量与仪器设备、点位的选择、安装方式、所在设施管径、坡度、淤积等水力状况密切相关,专业性极强。表 6.1.2 给出了点位的初步选取建议,制定具体实施方案时,相关单位应依据现行国家标准《城镇排水防涝设施数据采集与维护技术规范》GB/T 51187、《海绵城市建设评价标准》GB/T 51345 等相关标准,制定安全可靠的临时监测方案。合流模型宜包含污水模型和雨水模型两类点位。

    3 可利用积水范围、深度、历时等历史数据进一步验证地表漫流模型的精度。可结合溢流频次分析,进一步验证模型的长期模拟表现。

    4 监测数据应经过合理性检查与预处理再用于模型率定验证,包括:异常值剔除,缺失数据补齐,流量、水位、溢流量等数据相关性检查。

6.1.3 本条说明了模型率定的过程与方法。率定即通过不断比较各点位的实测值、模拟值,调整水文水力参数,对照精度目标,以识别出达到最好吻合度的参数的过程。

    一维模型率定目标值主要为流量、水位、流速;二维模型率定目标值还包括积水深度、积水范围、积水时间等。

    模型率定应充分考虑汇水区划分、拓扑结构设置、管网实际运行情况、管道淤泥深度、附属构筑物特性及其调度方式对模拟结果的影响,对水文水力参数如径流系数、汇流参数、粗糙系数、初期雨水损失、下渗率等进行调整,使模型结果尽可能吻合实测数据。

    模型参数众多,但不同参数对模型结果的影响程度差异较大,可在开展灵敏度分析基础上,明确关键参数,提高模型率定效率。

    主要参数取值范围可查阅排水设计相关标准规范和模型软件说明书。可将推荐值作为初始值,再通过人工调整、优化算法等方式开展参数率定。

6.2 精度目标

6.2.1 本条对模型建设单位确立精度目标给出了分区分级的建议。模型精度是决定建模投入的重要因素。精度要求越高则投入越高，过低则模型难以满足应用要求。精度要求高低也受制于数据情况、率定验证条件等客观因素。根据需要对污水厂、节点泵站、积水点或溢流排放口等重点关注区设置相对较高的精度要求，是模型应用多年以来更符合实际的通行做法。

6.2.2 本条规定了模型精度评定采用的三类误差指标。这三类指标是国内外排水模型、河网模型、供水模型等数学模型较为通用的评估指标。NSEC 是一个标准化统计指标，其取值区间为$(-\infty, 1]$，NSEC＝1 表示模型预测结果能够完全吻合实测值。相关研究认为，当 NSEC 值大于等于 0.5 时，模拟结果可以接受。

6.2.3 本条是对精度目标指标的细化，明确了流量、水位的预期误差范围。规定精度要求较高的目标宜取 A 级，一般的宜取 B 级，一个模型中可以对不同分区提出不同的精度要求。例如：用于调度决策的关键控制点位和易涝点位采用 A 级，其他地区采用 B 级。

从相对误差、绝对误差、过程评估三方面给出了模型率定验证的精度目标。指标选取结合了国内外相关规范和本地建模经验。其中，峰值流量和总量采用相对误差，峰值水位、峰现时间采用绝对误差。由于当前流速测量数据较少，不对其提出具体要求，如有率定需求，可参考流量、水位指标进行设置。

现行国家标准《海绵城市建设评价标准》GB/T 51345 提出，排水分区海绵城市建设的年径流总量控制率如果采用模型模拟法评价，模型参数率定与验证的纳什（Nash-Sutcliffe）效率系数不得小于0.5。

现行协会标准《城镇内涝防治系统数学模型构建和应用规

程》T/CECS 647 提出,数据偏差应符合下列标准之一:①模拟和实测的总水量偏差不应大于 20％,时间序列数据模拟和实测的峰现时间偏差不应大于 1 h,峰值偏差不应大于 25％;②时间序列数据纳什效率系数应≥0.5。

英国《排水系统水力模型规程》对排水管网水力模型的率定精度要求为:旱天实测、预测的流量(水位)过程线应该在形状和量级上保持接近。流量峰时和谷时的时间出现误差应在 1 h 以内,峰值流量误差应在±10％的范围之内,流量总量误差应在±10％的范围之内。雨天 NSEC 大于 0.5,峰现误差 0.5 h,未超载节点峰值水位误差 0.1 m(一般地区 0.1 m 或 10％),超载节点峰值水位误差 0.1 m(一般地区可为＋0.5 m),峰值流量误差10％(一般地区＋25％～－15％),流量总量误差 10％(一般地区＋20％～－10％)。

7 模型评价与验收

7.1 质量评价

7.1.1 开展模型应用之前应评估模型质量与需求或预期是否匹配。建设单位在立项阶段可结合实际需求和实施条件，参照本标准第 6.2.3 条和第 7.1.3 条设立预期精度目标与预期模型质量等级。利用已有模型进行后续应用，应同样进行质量评价。

7.1.2 模型质量不仅取决于率定验证质量，还取决于建模对象设施、地理、水文、水量等物理数据和监测数据的质量。在对模型质量开展综合评价时，应同时考虑原始数据质量和模型精度，必要时可建立基于权重的指标体系进行综合评价。

模型质量是确保模型应用效果的重要前提，质量越高则其辅助决策的可靠性越高。从应用角度出发，用于实时调度的模型质量要求高于用于方案制定的模型，高于用于规划的模型。污水厂、溢流口、主干管网、积水点等重点关注区域的模型质量要求要高于一般区域。建模单位制定模型质量要求时，可参考以下原则：用于排水设施实时调度的模型质量宜达到甲级，用于设计、提标改造、内涝评估的模型质量宜不低于乙级，用于初步方案制定与评估的模型质量宜不低于丙级。

另外，考虑建模质量受可获取数据及其质量、模型不确定性等因素影响，应避免一刀切提出过高标准影响模型行业的健康发展。当建模基础条件较差、数据质量达不到建模需求时，在对原因进行详细分析论证后，建模单位可视实际情况适当降低阶段性质量要求，循序渐进实现模型技术的良性应用。

7.1.3 本条规定了模型质量的分级评估标准，适用于范围较大、具有多个率定验证点位的模型质量评价。可对模型整体和模型区域分别进行合格率统计，形成整体或分片区的模型质量等级，以便与应用目标相关联。

根据达到目标精度要求的点位占区域所有率定点位的合格率，模型质量分为甲、乙、丙三级。参考了现行国家标准《水文情报预报规范》GB/T 22482 对预报精度评定的划分，其根据采样合格率或确定性系数大小将预报精度分为甲、乙、丙三个等级（表5）。

表5　《水文情报预报规范》预报项目精度等级

精度等级	甲	乙	丙
合格率 $QR(\%)$	$QR \geqslant 85.0$	$85.0 > QR \geqslant 70.0$	$70.0 > QR \geqslant 60.0$
确定性系数 DC	$DC \geqslant 0.90$	$0.90 > DC \geqslant 0.70$	$0.70 > DC \geqslant 0.50$

7.2　验收归档

7.2.1　由于各类项目涉及的排水模型构建和应用广度和深度不一，因此，本标准建议依据模型用途与建设规模，由建设单位组织对重点项目进行质量审核与专项验收。如本市"厂、站、网"一体化运行监管平台模型建设项目，以及用于本市排水重大工程论证设计、污水主干管及相关排水设施运行调度的模型建设项目，宜按照本节要求进行专项验收归档。其他项目可由项目建设单位和承担单位协商参照执行。

建设单位可委托第三方单位进行质量审核。应参照本标准对模型类型、范围、深度、计算条件的合理性、规范性、准确性、适用性等方面进行全面审核。

7.2.3　为了确保模型使用者能够正确理解模型构建的背景、数据、质量，以及今后对模型进行适用性评估和模型的改造、升级，有必要对模型进行完整的验收和归档。

5　运行测试是指对模型源文件进行必要还原设置，重复开展模拟计算,检查模型是否满足目标、功能、质量要求。运行测试报告内容应包括:计算电脑配置、计算边界条件、计算参数、计算结果、校核结果、计算时间等。

7.2.6 本条规定了模型数据归档应包含的基本内容要求。为了方便模型应用、更新及后期维护和管理,模型归档数据文件应具备条理清晰的结构和简单易懂的命名,同时辅以相应的说明文本。如采取基于软件标准的可转移数据库文件,应确保模型数据在复制时完整、可靠,按照标准格式组织管理排水模型数据。如建模软件不采用标准可转移数据库,则应分类建立文件夹,储存排水网络、降雨、流量水位过程、地面模型、实测数据、率定验证和模拟方案运行等各模块和对应的数据,并提供清晰的说明文档。

7.2.7 本条规定了归档图件及数据集应包含的基本内容要求。排水网络的背景图层包括卫片图、土地利用现状图、土地利用规划图、排水分区图、排水管网现状图、排水管网规划图等。排水模型管网拓扑配置图应反映模型中主要管道、排水构筑物、系统布局和拓扑关系。计算结果专题图包含超负荷运行状态、积水-水深分布图、方案结果比较图等。

8 模型应用与维护

8.1 模型应用

8.1.1

3 规划模型各管道相关水力计算结果应符合国家标准《室外排水设计标准》GB 50014—2021 第 5.2 节的相关规定,应核查的水力参数包括:重力流污水管道的充满度应符合设计充满度,不应出现超负荷状态;压力流设计的污水管道水头不应超出设计承压值;不同管道水流速度应满足相关最大和最小水流速度的设计要求。

雨水管渠在设计暴雨重现期降雨时,水位不应超出地面;内涝防治设计重现期标准的设计暴雨下的地面积水范围、积水深度和退水时间,应符合现行国家标准《室外排水设计标准》GB 50014 及《城镇内涝防治技术规范》GB 51222 的相关规定。《上海市城镇雨水排水规划(2020—2035 年)》规划标准见表 6。

表 6 《上海市城镇雨水排水规划(2020—2035 年)》规划标准

标准名称	标准值
排水系统设计重现期	主城区(含中心城)及新城 5 年一遇
	其他地区 3 年一遇
地下通道和下沉式广场设计重现期	≥30 年一遇
内涝防治设计重现期	50 年~100 年一遇
强排系统初期雨水截流标准	合流制≥11 mm、分流制≥5 mm

注:内涝防治设计重现期的地面积水设计标准为:居民住宅和工商业建筑物底层不进水,道路中一条车道积水深度不超过 15 cm。

4 应采用本市典型年或长期历史降雨记录(通常 1 年以上,

包含平水年、丰水年及枯水年)进行长期连续模拟,开展合流制溢流(Combined Sewer Overflow,简称 CSO)排放负荷、初期雨水治理、面源污染控制、海绵城市建设方案优化及效果评估。一般选择年降雨量接近平均降雨量或对应某一频率的实际年降雨量的年份作为典型年。评估指标可包括年径流总量控制率、年径流污染控制率、峰值流量控制率、雨水收集回用率等。采用模型评价海绵城市建设效果时,应符合现行国家标准《海绵城市建设评价标准》GB/T 51345 的相关规定。

8.1.2 内涝风险评估与区划即根据不同区域暴雨内涝灾害风险程度大小和空间分布,考虑不同区域社会经济发展现状与趋势,对城市进行科学划分,明确暴雨内涝灾害程度大小和空间分布,为内涝灾害风险精细化管理提供依据。基于数学模型的情景分析法是常用的区划技术方法。

1 内涝风险评估应按本标准第 3.2.3 条规定,宜结合数字地面高程,构建一维二维耦合模型。

2 在开展内涝防治规划、雨水排水规划等开展内涝风险模拟时,需要根据区域特征和需求确定相应的暴雨设计重现期和排口水位条件。

4 通过模拟可获得排水系统水位变化、积水范围、积水深度和积水历时等信息,可挑选以下指标进行内涝风险及整改效果评估:

(1)平均积水深度:积水区域的平均积水深度(cm);

(2)最大积水深度:最不利点的积水深度(cm);

(3)平均积水时间:积水深度超过 15 cm 的平均历时(min);

(4)最长积水时间:最不利点积水深度超过 15 cm 的历时(min);

(5)最长退水时间:雨停后的地面积水最大排干时间(min);

(6)积水总量:区域产生的最大积水总量(m³);

(7)积水面积占比:积水深度超过 15 cm 的区域面积占区域

总面积的比例(%);

（8）积水路段比:道路中出现积水的路段数占所有路段数的比例(%)。

5 内涝风险评估结果应表现区域的积水分布、积水深度、积水范围、积水时间等基本情况,可采用积水淹没图的形式表达。此外,可叠加城市区域受灾体的重要性、脆弱性地图,形成区域内涝风险区划,并基于地理信息系统生成表达风险评估结果的电子地图,便于直观判断城市地区内涝风险分布。

8.1.3 随着计算机技术、模型集成技术的发展,实时模拟预报预警成为目前洪涝灾害快速预警与应急处置的先进技术手段。

英国的洪涝预警分早期预警与临灾警报两个阶段,一般提前5 d进行早期预警,至少提前2 h发布临灾警报。美国气象局下设多个河流洪水预报中心,中心河流的预报预见期达几小时,大江大河的洪水预见期可达几个星期。德国、法国、日本、比利时、泰国、马来西亚等国家都逐步从流域洪水预报向城镇洪涝预报发展。本市自21世纪初开始排水系统防汛实时预报预警工作试点。

1 城市内涝预警对监测数据和预报数据的质量要求较高。当同一点位出现多来源数据时,应根据不同来源数据的质量,优先采用准确性、可靠性更高的数据源。高优先级数据缺失时,可以使用低优先级数据进行增补。

2 由于洪涝形成机制不同,城市内涝预见期较河流洪水预报更短。模型预见期主要结合本市暴雨预报和潮位预报的预见期情况,建议选取6 h~72 h。

3 滚动计算是实时模型的主要特点,但需综合考虑计算时效和产生大量数据造成存储空间需求大的问题。可对旱天降低计算频率,在雨天提高计算频率,如旱天可保持每天运行,但在降雨期间频率不超过30 min,为应急处置留有余地。

5 由于实时模型滚动计算将产生大量的结果数据,应对结果文件进行入库保存,做好磁盘空间管理,定期清理无保存价值的数据。

8.1.4 根据《关于开展排水系统"厂、站、网"一体化运行监管平台建设的实施意见》(沪水务〔2020〕192号)的通知,本市正在开展市、区两级排水运管平台建设,同步建立覆盖中心城区和郊区城镇化地区的排水模型。模型构建的目标是为上海市排水系统的现状评估、洪涝灾害预测、运行调度和规划制定提供重要支撑。

"厂、站、网"一体化运行监管平台应与排水系统中各种感知设备实时连接,可查看模型模拟值与历史实测数据,有条件的应参照实时预警预报平台方式应用模型给出动态化、智能化的调度决策建议。

"厂、站、网"一体化运行监管平台模型系统应聚焦污水厂溢流、泵站放江、雨污混接等问题,提出泵站、调蓄池、污水厂等运行优化方案,对设施运行水位、应急联动、防汛减灾等提出科学的管控方案。

为了保证"厂、站、网"一体化运行监管平台模型的准确性不会因为现实世界的新建/改造降低,系统应建立定期更新维护机制,更新维护的周期不宜超过12个月。

8.2 维护管理

8.2.1 为确保模型构建投入得到持续有效利用,建设单位应设置模型维护专项,用于模型定期更新、维护等相关工作。由于排水管网中的节点、管渠、汇水区等要素通过空间关系形成的拓扑结构对排水管网模型分析至关重要,因此,必须考虑排水行业 GIS 数据库中拓扑关系的可维护性及其对模型的影响。应确保空间拓扑和属性统一规范,即空间坐标保持一致或在容差范围,检查井和管渠的属性表之间通过 ID 外键关联应保持完整性和一致性,不能出现两个检查井(管渠)的 ID 相同的情况,也不能出现管渠中的上下游检查井编号在检查井表中不存在的情况。建立排水行业 GIS 库与模型库的规范映射机制,有利于通过 GIS 库定期自动更新模型,确保模型信息及时可靠,促进模型资源的有效、持续利用。

8.2.2 排水系统数学模型的构建需要投入不少精力财力,有条件的应持续利用。在利用之前,必须对可利用条件进行评估,包括:①是否涵盖新一轮建模范围;②是否满足新一轮建模目标要求;③原模型的构建思路与技术处理方法是否适用;④原模型是否经过了率定验证,实际情况是否发生了较大的变化,是否需要更新;⑤对原模型进行质量评价,判断模拟结果与实际历史记录吻合程度;⑥根据新一轮建模要求和原模型情况,比较在原有模型基础上更新以及用最新数据重新建模各自所需花费的精力和成本,选择更合适的方式。

8.2.3 模型的更新维护十分必要,常见的更新维护机制包括:①仅当模型需要应用时,再进行模型更新;②定期进行模型更新;③当数据出现一定量更新或改变后,再进行模型更新;④实际发生更新,即进行模型更新。应根据实际情况,灵活选择模型更新维护机制。对易涝区等重点地区,积水点改造带来较大变动的情况,应及时更新。

8.2.4 历史记录可以反映每次更新的内容,保持更新的连续性。分开储存可以避免文件丢失带来的不必要损失。建立必要的索引,便于后期调用。